高等院校医学系列教材

供药学类、制药工程、生物技术及生命科学等专业使用

生物药物制剂学

主　编　裴　瑾
副主编　段明华　高诗珠　韩　冰　张晓红
编　委　（按姓氏笔画排序）
　　　　王　曾　（吉林大学）
　　　　田　琳　（吉林大学）
　　　　刘　琨　（吉林大学）
　　　　孙雨馨　（吉林大学）
　　　　杨　越　（吉林大学）
　　　　张　正　（吉林大学）
　　　　张晓红　（吉林大学）
　　　　陈景霖　（吉林大学）
　　　　郝　强　（吉林大学）
　　　　段明华　（长春中医药大学）
　　　　高诗珠　（吉林大学）
　　　　韩　冰　（吉林大学）

科学出版社

北　京

内 容 简 介

生物药物制剂学是研究生物药物的配制理论、生产技术、质量控制及合理利用等内容的综合性应用技术学科。本教材共分十章，分别介绍了生物药物概述、生物药物制剂概述、生物药物制剂制备流程、注射给药系统、黏膜给药系统、经皮给药系统、生物药物递送载体、新型靶向药物载体给药系统、车间布局和生物药物制剂法规。

本教材注重学术性和应用性并举的原则，适合生物药学、药学、生物制药、制药工程、生物技术、生命科学等专业的本科生和研究生教学使用或科研参考用书。由于编写时间及编者水平有限，教材中难免出现错误和不当之处，欢迎广大师生提出宝贵意见。

图书在版编目（CIP）数据

生物药物制剂学／裴瑾主编. —北京：科学出版社，2015.11
高等院校医学系列教材
ISBN 978-7-03-046308-1

Ⅰ.①生… Ⅱ.①裴… Ⅲ.①生物制品-药物-制剂学-高等学校-教材
Ⅳ.①TQ464

中国版本图书馆 CIP 数据核字（2015）第 267744 号

责任编辑：王 超 胡治国／责任校对：于佳悦
责任印制：赵 博／封面设计：陈 敬

科学出版社 出版
北京东黄城根北街 16 号
邮政编码：100717
http://www.sciencep.com

三河市骏杰印刷有限公司印刷
科学出版社发行 各地新华书店经销
*
2015年 11 月第 一 版 开本：787×1092 1/16
2024年 7 月第六次印刷 印张：10 1/4
字数：262 400

定价：45.00 元
（如有印装质量问题，我社负责调换）

目　　录

第一章 绪 论

第一节 生物药物概述

一、生物药物的概念

生物药物是利用微生物学、生物学、医学、生物化学等研究成果,从生物体、生物组织、细胞、体液等有机成分中提取,综合应用医学、微生物学、生物化学、分子生物学、免疫学、工程学以及药学等科学的原理和方法加工制造而成的一大类用于预防、诊断和治疗药物的总称。

广义来说,生物药物包括以动物、植物、微生物、海洋生物为原料制取的各种天然生物活性物质及其人工合成或部分合成的天然物质类似物;同时也包括应用生物工程技术手段(基因工程、细胞工程、酶工程、发酵工程和蛋白质工程等)制造生产的新生物技术药物。

生物技术药物与天然生化药物、微生物药物、海洋药物和生物制品一起归类为生物药物。

二、生物药物发展历史

依照生物技术制药工业发展的技术特征,生物药物的历史可以分为三个阶段:

1. 传统生物药物发展阶段 从远古到 20 世纪中叶是传统生物药物发展阶段,传统生物药物是来自于生物体的某些天然活性物质加工制成的制剂。由于早期的生物药物多数来自于动物脏器,有效成分不明确,因此,曾被称之为脏器制剂。

在我国,最早应用生物材料作为治疗药物的先行者是神农,他开创了应用天然产品治疗疾病的先河,如应用鸡内金消食健胃及治疗遗尿;应用羊靥(包括甲状腺的头部肌肉)治疗甲状腺肿等。孙思邈(公元 581~公元 682 年)首先应用含维生素 A 较丰富的羊肝治疗"雀目"。秋石是从男性尿中沉淀出的物质,我国的提取方法出自于 11 世纪沈括(公元 1031~公元 1095)所著的《沈存中良方》,这也是最早从尿中分离类固醇激素的方法。

18 世纪,显微镜的出现帮助人类以分子的角度观察生命体,借助显微镜人们发现人体是由细胞和蛋白质组成,同时发现人体对致病微生物的侵袭能够进行有效地抵抗,由此人们展开了以生物学为基础的生物技术制药研究。1706 年,英国医生琴纳发明了预防天花的牛痘苗,从此应用生物制品预防传染病的方法得到了肯定。

随着科学技术的发展,自 20 世纪 20 年代之后,人类对疾病的认识更加深入,对动物脏器的研究更加透彻,于是疫苗种类日益增加;各种蛋白质、酶的纯化技术更加成熟;高纯度的胰岛素、甲状腺激素、必需氨基酸相继问世;制造工艺也发生着日新月异的变化。

2. 近代生物药物发展阶段 1928 年,细菌学教授弗莱明在英国伦敦大学圣玛莉医学院(现属伦敦帝国学院)实验室中发现青霉菌具有杀菌作用,从此揭开了人类从微生物体内寻找抗生素的崭新时代。20 世纪 40 年代，由于第二次世界大战爆发，世界各地临床急需疗效好而毒副作用小的抗细菌感染药物。1941 年，美国和英国合作完成了青霉素的分离与纯化，经临床证明其具有卓越的疗效和低毒性。经大量研究，终于在 1943 年把原本需要花费大量劳动力并且占用大量空间的表面培养法，改进为生产率高、产品质量好、通入无菌空气进行搅拌发酵的沉没培养法。产品的产量和质量都得到大幅度提高，成本显著下降，生产效率明显提高。沉没培养法为发酵工业带来了革命性的变化，并由此产生了以微生物发酵技术主导的近代生物制药技术。

在此之后，红霉素、链霉素、金霉素相继问世，抗生素工业随之兴起，自此工业微生物的生产进入了一个崭新的阶段。其他发酵产品迅速吸收了抗生素生产的经验，最突出的成果首先是 20 世纪 50 年代的氨基酸发酵工业的发展，随后 60 年代的酶制剂工业异军突起，一些原来采用表面培养法生产的产品都改用沉没培养法进行生产。近代生物技术产业的主要产品有：医药业的甾体激素类药物、氨基酸类药物、维生素类药物、抗生素类药物；酵母、轻工食品业的工业酶制剂、啤酒、食用氨基酸等；农林业的农用抗生素等农药；化工业的丁醇、乙醇、沼气、丙酮等；环境保护业的生物治理污染等。

第二次世界大战期间，疫苗产业发展经历了从低产期到多产期的过渡时期。此时期的一个重大突破是 1931 年著名生物学家古得派斯德证明病毒可在鸡胚胎里生长，通过这种方法泰勒制造出了抗黄热病的鸡组织疫苗 17D。于是，人们寻找到了大量培养病毒的方法。

为战争服务是此期间许多疫苗研究的主要目的。美国华特瑞陆军研究院的希尔曼等研究人员通过利用鸡胚的卵黄大量培育出了斑疹伤寒疫苗。这项成果投入使用后，生产出的斑疹伤寒疫苗挽救了无数伤病员的生命。此外，研究员们通过持续流动离心法对流感病毒疫苗进行纯化，由此开创了纯化病毒疫苗的先河。

在流行性感冒期间，希尔曼还发现了腺病毒。他在同事的协助下从一个死亡的新兵身上获得了一段新鲜的气管样本，然后将气管的内皮组织分离后进行体外培养，获得了气管纤毛上皮细胞，并通过对某些地区患者的咽拭子培养，从中分离出了三株新的病毒，日后被确认为腺病毒。腺病毒疫苗在 1956 年一个大型临床试验中被证明有效性可达 98%。1958 年灭活的腺病毒疫苗取得了上市许可证，用于小儿接种。恩德斯于 1946 年发现脊髓灰质炎病毒可在胚胎组织细胞中繁殖，从此开启了在细胞中培养病毒的序幕。

3. 现代生物药物发展　应用更新颖的生物研究技术，现代生物药物已经进入空前快速的发展状态，根据《生物药物产业报告 2014》的统计显示，单克隆抗体在最近 4 年中继续扩展市场，通过优化现有的生物药物制剂形式而制成的生物药物也已经拥有一席之地，但是生物仿制药物的增长率却在近几年不断下降。

在过去的 4 年中，美国和欧洲对生物制药审批的批准率与之前相比基本相同，见图 1-1。近期的调查显示已经有 54 种生物药物制剂得到审批通过。这会使美国和

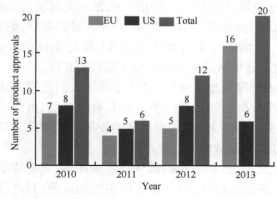

图 1-1　美国和欧洲在 2010~2013 年期间获得批准的
生物药物数量柱形图

欧洲两个市场获得许可的生物药物产品总数增加至 246 个。246 产品中只有 166 个拥有独

特的活性成分,但是在美国和欧洲已经有 34 个产品被撤回,所以在美国和欧洲允许在市场流通的生物药物仅仅 212 种,在过去 4 年中每年获得批准的数目最低 6 个(2011 年),最高 20 个(2013 年)。

总而言之,与少量的几种新型治疗方式获得审批通过相比,过去的这段时间里单克隆抗体的审批合格率逐渐升高;然而在 2012 年,欧洲第一次通过了一种基因治疗方式并且美国第一次批准一种从植物中提取的药物。令人感到惊讶的是,在过去几年中生物仿制药的批准率已经被限制了,只有少数的药物获得了批准。《生物药物产业报告 2014》并没有加入组织工程产品,因为 Food and Drug Administration(FDA)将其划分为纯粹的医疗设备。

在过去的 4 年中,54 种生物制品获得了批准,其中 17 个是单克隆抗体,9 个是激素,8 个血液相关蛋白质,6 种酶,4 种疫苗,4 种融合蛋白和 4 种粒细胞集落刺激因子(G-CSFs; filgrastims),1 种干扰素和 1 种基因治疗产品。有迹象显示,在被批准的药物中的确有迹可循,针对肿瘤的药物就有 9 种,针对其他的疾病的药物如:各种炎症相关的疾病和血友病分别有 6 种药物,代谢性疾病和糖尿病分别有 5 种药物,抗感染疾病的疫苗和嗜中性白细胞减少症分别有 4 种药物。获得批准的新产品中 32 种药物对于市场而言的确是新型药物(59%),其余的药物主要是生物仿制药。

32 种新型的产品包含了 30 种完全新型的有活性的生物制药成分,另外两种活性成分 Eylea 和 Zaltrap(均由 Regeneron, Tarrytown, NY, USA 开发)拥有与 Tresiba(Novo Nordisk, Bagsvaerd, Denmark)和 Ryzodec(insulin degludec)相同的活性生物成分。

美国和欧洲审批通过了几乎相同数目的产品(美国 39 个,欧洲 41 个),在同一时间内,美国批准的 147 个药物产品包含了新型生物分子实体。这些数字说明了大约四分之一在美国通过的全新药物是生物药物,这和之前调查所报道的(21%~24%)增长率基本相同。

与前期相比,在目前的调查中批准的产品揭示了一些尽管是预测但很有趣的趋势。自从 1982 年首次批准重组人胰岛素(优泌林,礼来公司,印第安纳波利斯)作为第一个生物药物进入市场以来,只有其他八种产品在这十年中投产。随着行业的成熟,20 世纪 90 年代,获批的生物药物开始大幅增长,1995 年以来每五年批准率始终保持不变,见图 1-2。

2010~2014 年目前是 54 个产品得到批准,至 2014 年年底可能会接近 60 个。单抗批准整体优势自 20 世纪 90 年代末以来一直持续到 21 世纪第二个十年,人类越来越流行使用人源化单克隆抗体而非从前的小鼠嵌合单抗。因此,在 20 世纪 80 年代末之前,单克隆抗体仅占所有被批准的生物制品的 10%,见图 1-3。

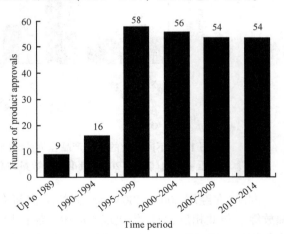

图 1-2 1989 年至今不同阶段获得批准的生物药物数量柱形图

单克隆抗体在 1995~1999 成为生物药物的一个亮点,随着时间的推移,单克隆抗体产品的批准比例增长非常稳定,从 2010 年至 2014 年,单克隆抗体药物几乎占所有批准的生物药品的 27%。

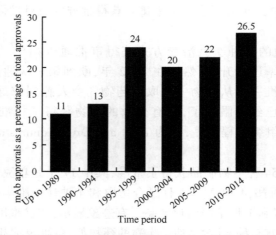

图 1-3　1989 年至今单克隆抗体(mAb)的批准数量占总的生物药物批准数量的百分比柱形图

相比之下,近年来传统生物药物产品批准数量有所下降,见图 1-4。例如,自 2010 年,重组溶栓药物、抗凝溶栓剂、白细胞介素或促红细胞生成素没有得到批准,可能反映市场对这些产品的需求可能已经达到饱和。

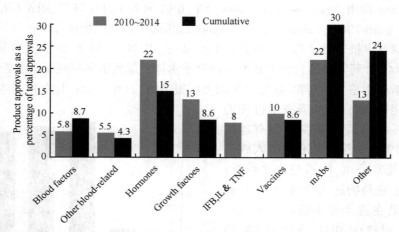

图 1-4　不同种类的生物产品在累计时间期间 cumulative (1982~2014) 以及
最近 4 年内(2010~2014)批准药物数量占总生物药物批准数量的百分比柱形图

同时,在经历 2006~2008 年欧盟的生物药物审批数量急速增长后,现在的审批速度大幅放缓。与此相反,通过优化现有的生物制剂形式来优化生物药物的给药方式从而得到生物药物的批准,现在已经可以被广泛的接受。例如葛兰素史克的 eperzan(GLP-1 融合)和长效持续作用聚乙二醇(PEG 化的蛋白质衍生物)以及 Biogen Idec 公司(剑桥,MA,USA)研制的 plegridy[聚乙二醇干扰素(IFN)-βB1]和 TEVA[佩塔提科瓦 lonquex(以色列)]研制的聚乙二醇修饰的 G-CSF 都已经得到了相关的批准。在这种情况下,厂商推出这样的产品更有利于在拥挤的市场中与竞争对手抗衡。

第二节　生物药物制剂概述

一、生物药物制剂概念

生物药物制剂学是综合应用医学、微生物学、生物化学、分子生物学,免疫学、工程学以及药学等科学的原理和方法将从生物体、生物组织、细胞、体液等提取制成的生物药物研究其制剂的处方设计、基本理论、制备工艺、质量控制和合理使用等内容的综合性、应用性学科。

二、生物药物制剂现状及发展史

随着基因重组技术的发展,生物药物已经逐渐被患者接受,并在临床中扮演着不可替代的重要角色:曾几何时,人类对流感病毒所带来的病痛和灾难束手无策,而流感病毒疫苗的出现彻底地改变了人类所遭受的困境,在此之后随着疫苗技术的不断发展与推广更多的低价、有效、易于注射的可以针对流行性疾病的疫苗产品得以问世;第二次世界大战期间,无数人类同胞罹难于战火硝烟之下,但是引发死亡的最主要因素是受伤之后的感染,直至高效合成抗生素技术出现才挽救了千万条性命;糖尿病的梦魇随家族的延续如影随形,传统的治疗方法却又昂贵至极,直到人工合成胰岛素的成功,才给千百万患者带来福音。

另一方面,人类在与疾病的斗争过程中虽然逐渐了解了疾病的本质,挽救了无数的生命,但是现实生活中人类仍旧无法彻底打败病魔。尽管疫苗在不断发展,但是在发展中国家中,传染性疾病所引起的致残率和致死率仍旧很高,每年因感染死亡的人数超过九百五十万人。这是由很多的限制性因素所共同决定的:①疫苗的安全性;②复杂的生产过程;③昂贵的发酵系统、净化系统、冷冻保存系统;④冷却运输和无菌转移等。接种疫苗是有效的预防空气传染性疾病的方法之一,但在发展中国家中,由于成本较高使其使用范围受到限制。此外,疫苗运输转移需要健康的从业者进行操作并且注射药物可能会在贮藏或配制期间受到污染。

目前,治疗性蛋白质/疫苗的商业生产主要依赖于细菌、酵母或哺乳动物细胞中的表达系统。生产也需要昂贵的纯化步骤,冷冻储存和附加运输费用都使得药物的成本增高,增加了患者的经济负担。

同样,治疗性蛋白质的传统给药方式就是将药物粉末进行溶解后使用针头和注射器注射给药。在给药的过程中患者的顺应性是最需要考虑的因素之一,特别是对糖尿病患者而言,在他们的生活期间可能需要超过 6000 次的胰岛素注射,这将会是相当痛苦的。虽然胰岛素注射给药已经引进了新技术,如胰岛素注射口、胰岛素注射泵、射流喷射器以及植入泵来替代每天的注射,但这些方法仍然存在诸多缺点,包括皮肤刺激性,容易形成红斑脓肿,瘢痕和局部感染等。

根据 WHO 的统计,每年全球共进行 12 万亿次注射,其中 6 千亿次是疫苗接种,其余11.4 万亿次是用于其他的治疗方式。不安全的注射方式已经引起了 1500 万次 HBV 感染、100 万次 HCV 感染,34 万次 HIV 感染,300 万次细菌感染及 8500 万次局部脓肿的发生。注射式接种疫苗的另一个巨大的劣势是可能没有进行局部黏膜免疫就可以引起强烈的周身系统性免疫反应。

所以长久以来如何研制出一种更为方便、成本低廉、安全有效的给药系统就成为了无数药剂学工作者的共同理想。生物药物制剂学在不断发展的过程中也在努力革新研制出更适合于生物药物的给药方式和剂型。以眼部给药方式为例,虽然有许多新的生物药物都可以通过注射的方式进行给药,但是现代的给药途径可以通过特定的无痛方式将小分子药物以非靶向性的方式在眼部进行吸收从而达到药效。因此,有必要开发一种适用于宏观分子靶向治疗的药物输送技术,比如胰岛素滴眼剂的诞生,即证明了生物药物新剂型的可行性。

生物药物可以以不同的剂型出现在临床中,其目的为:①增强生物药物疗效:挖掘产品的内在潜力给患者提供更多的选择,延长药物的半衰期、提高药物的生物利用度和血药浓度等;②方便患者使用:对患者而言,新型剂型的出现,可以增加药物的疗效、降低不良反应、增加患者的顺应性和服用的舒适程度。

目前,在临床中使用的生物药物剂型主要包括:注射剂、凝胶剂、滴眼剂、口服溶液剂、栓剂、泡腾片、胶囊剂、软膏剂、乳膏剂、喷雾剂、外用溶液剂、吸附制剂、粉针剂、片剂、散剂、划痕剂、颗粒剂、滴剂等。

三、生物药物剂型与制剂

生物药物按其功能用途可以分为三类:一是治疗药物,治疗疾病是生物药物的主要功能。生物药物以其独特的生理调节作用,对许多常见病、多发病、疑难病均有很好的治疗作用,且毒副作用低。如对糖尿病、免疫缺陷病、心脑血管病、内分泌障碍及肿瘤等的治疗效果是其他药物无法替代的。二是预防药物,对于许多传染性疾病来说,预防比治疗更重要。预防是控制感染性疾病传播的有效手段,常见的预防药物有各种疫苗、类毒素等。在疾病的预防方面只有生物药物可担此重任。三是诊断药物,疾病的临床诊断也是生物药物重要用途之一,用于诊断的生物药物具有速度快、灵敏度高、特异性强的特点。

1. 治疗药物　目前应用较为广泛的治疗药物剂型有:眼用制剂、散剂、栓剂、片剂、凝胶剂、胶囊剂、喷雾剂、颗粒剂、长效缓控释制剂等。

注射剂:目前应用最为广泛的生物药物剂型就是注射剂。例如,目前已经上市的重组人生长激素注射液,主要适用于生长激素分泌不足所致的生长障碍的儿童;性腺发育不全(特纳综合征)所致女孩的生长障碍;慢性肾脏疾病引起的青春期前的儿童生长迟缓以及已确诊下丘脑–垂体疾病(除催乳素外其他一种轴系激素缺乏)的成人患者。

滴眼剂:国外研究人员曾配制出了胰岛素滴眼液,生物利用度很低并且降糖时间仅仅持续了 5h。但是,此后,国外多位研究人员陆续进行了研究,发现促渗剂的使用可以提高胰岛素的眼部生物利用度。曾有人考察了促渗剂 Brij-78 对于胰岛素在眼部吸收的作用,发现随着促渗剂量的增加(20~50μg),胰岛素的降血糖作用逐渐增强且持续时间逐渐延长;同时还有人制备了不含促渗剂的乙酸处理过的胰岛素盐滴眼液,发现其胰岛素用量减少了一半,但是降血糖效果和持续时间都大大提高。

栓剂:经阴道给药的重组人干扰素 α2a 栓剂产品,可通过阴道黏膜上皮吸收,直接在局部发挥抗病毒作用。进入体内的干扰素一部分经尿液原型排出体外,另一部分经蛋白酶水解不发挥任何作用。重组人干扰素 α2a 具有广谱抗病毒作用,其抗病毒机制主要通过干扰素同靶细胞表面干扰素受体结合后,诱导靶细胞内蛋白激酶 PKR(人蛋白激酶 R)、MX 蛋白(抗黏液病毒蛋白)、2′-5′-寡聚苷酸合成酶等多种抗病毒蛋白的合成,同时抑制病毒核酸的复制和转录进而阻止病毒蛋白质的合成。此药品主要用于治疗阴道病毒性感染引起的慢性宫颈炎、宫颈糜烂、阴道炎同时可以预防宫颈癌。

片剂:胰岛素片剂诺和龙是一种促胰岛素分泌剂,主要适用于 2 型糖尿病患者。2 型糖尿病患者胰岛素分泌功能受损,导致餐后长时间高血糖,使这些患者心血管并发症的危险性增加。诺和龙是一种以 β 细胞为介导的快速作用的餐时血糖调节剂,具有如下特点:首先诺和龙作用时间短,当在餐前服用时,仅在进餐时刺激胰岛素分泌,避免了在空腹期间对β 细胞产生不必要的刺激;第二,诺和龙仅在进餐时刺激胰岛素的分泌,这与在健康人群中生理性胰岛素分泌模式非常符合,采用"进餐服药,不进餐不服药"的给药方式;第三,进餐前服用诺和龙能灵活适应患者的进餐习惯,当错过一次进餐或进餐延迟时,可避免低血糖的发生,并且如果患者加餐,也可控制血糖;第四,服用诺和龙可有效控制餐后及空腹血糖,可以持续改善患者的血糖水平。

凝胶剂:重组人表皮生长因子凝胶剂。研究人员考察了不同浓度的重组人表皮生长因子(rhEGF)对损伤角膜的修补作用,发现其治疗作用呈剂量依赖性,最佳治疗浓度为 5μg/ml。另有国外研究人员以卡波姆凝胶为载体制备了表皮生长因子(EGF)半固体药物传递系统,检测得到表皮生长因子在眼内滞留时间可以达 8h,对角膜切除术导致的角膜损伤治疗效果要显著优于安慰剂。

胶囊剂:胰岛素肠溶胶囊剂现已有专利申请,发明中的具体制备步骤如下:①原料采用胰岛素粉,每个胶囊 10 个单位;辅料药采用药用淀粉,每个胶囊 0.09g 淀粉颗粒,0.01g 淀粉,胶囊采用普通肠溶性胶囊,将药用淀粉置混合机中,用淀粉浆制成软材,采用 20 目尼龙筛制粒,干燥后用 18 目筛整粒,转入混合车间放凉,筛出细粉,剩余的淀粉颗粒备用;②将筛出的细粉与胰岛素细粉充分混匀按递增法混合均匀再与步骤①中的制造的淀粉颗粒充分混匀;③转入胶囊灌装车间,用自动胶囊充填机灌装;④将灌装好的胶囊经打光处理后转入铝箔包装车间进行包装;⑤铝塑后入包装室包装完毕后入冷藏库冷藏。本发明运用口服胰岛素肠溶胶囊治疗糖尿病,经济费用低,疗效好,服用方便,使者免受打针之苦。

喷雾剂:以胰岛素喷雾剂为例,2014 年 6 月 27 日,MannKind 公司生产的用于成人 1 型或 2 型糖尿病的吸入式人胰岛素产品 Afrezza 获 FDA 批准上市。作为快速起效的吸入型胰岛素,Afrezza 因为突破了传统给药途径的瓶颈而获得了许多的赞誉:如果胰岛素市场真的可以从注射剂全面向吸入剂转变,对于消费者而言无疑是一大福音。作为一种吸入式胰岛素,患者可以在餐前或开始进餐后 20min 内使用 Afrezza。然而,该药物无法替代长效胰岛素,这意味着 Ⅰ 型糖尿病患者必须联用 Afrezza 以及长效胰岛素。另外,医生也并不推荐将Afrezza 用于治疗糖尿病酮症酸中毒,也不推荐在吸烟或患有慢性肺病患者中使用。

颗粒剂:盐霉素是一种动物专用的抗生素,在动物医学的研究中得到了广泛的应用,尤其是在兽药的制造和应用的过程中更加受到青睐。这主要是由于盐霉素抗生素的抗菌效果强,能够产生良好的作用;且在动物的体内不会产生大量的药物残留,同时与其他的兽用抗生素相比,所需原料的价格低廉容易购得,并且其生产工艺较为简单,在市场经济的发展过程中体现出了较优越的发展前景。

长效缓控释制剂:现在已有多种长效缓控释制剂上市,例如注射用醋酸奥曲肽微球(善龙)。本品为白色或类白色粉末,装在 5ml Ⅰ型硼硅酸盐管状玻璃瓶内,丁基橡胶塞。每个包装还包括:2 瓶(1 支储备)溶剂,用于将药物溶解为 2ml 溶液以及 1 支 5ml 注射器和两个针头(0.9×40mm);注射器 CE0123。本药品适用于肢端肥大症患者的治疗:在皮下注射标准剂量的善龙后,病情可以得到充分控制。但是,本药品不适用于外科手术、放疗或治疗无效的患者,或在放疗充分发挥疗效前,处于潜在反应阶段的患者。

注射用紫杉醇脂质体,本药品主要成分为紫杉醇,辅料为卵磷脂、胆固醇、苏氨酸、葡萄糖。本药品可作为卵巢癌的一线化疗药同时可用于卵巢转移性癌的治疗。本药品可用于曾用过含阿霉素标准化疗的乳腺癌患者的后续治疗或复发患者的治疗。作为一线化疗药,本药品也可以与顺铂联合应用,顺铂联合应用于不能手术或放疗的非小细胞肺癌患者的一线化疗。

长效胰岛素注射液,本药品用于治疗中、轻度糖尿病患者,重症患者须与胰岛素合用,有利于减少每日胰岛素注射次数,控制夜间高血糖。

2. 预防药物　对于许多传染性疾病来说,预防比治疗更重要。预防是控制感染性疾病传播的有效手段,常见的预防药物有各种疫苗、类毒素等。在疾病的预防方面只有生物药物可担此重任。

现市售预防类药物剂型主要为注射剂。如狂犬病疫苗、重组乙型肝炎疫苗、吸附破伤风疫苗等。

重组乙型肝炎疫苗:是由重组酵母或重组 CHO 工程细胞表达的乙型肝炎表面抗原,经纯化、灭活后加入佐剂吸附制成。前者为重组酵母乙型肝炎疫苗,后者为重组 CHO 乙型肝炎疫苗。其性状为白色混悬液,静置一段时间后形成可摇散的沉淀。

吸附破伤风疫苗:是高纯度精制破伤风类毒素经氢氧化铝吸附制成,为乳白色均匀悬液,长时间放置后可见吸附剂下沉,溶液上层应澄明无色,经振摇能均匀分散。pH 为 6.0~7.0,吸附剂氢氧化铝含量不超过 3.0mg/ml,氯化钠含量应为 7.5~9.5g/L,防腐剂硫柳汞含量不超过 0.1g/L,游离甲醛含量不超过 0.2g/L。

3. 诊断药物　疾病的临床诊断也是生物药物重要用途之一,用于诊断的生物药物具有速度快、灵敏度高、特异性强的特点。

现诊断类的药物主要为试剂盒,如乙型肝炎病毒核心抗体诊断试剂盒(酶联免疫法)等。

试剂盒是用于盛放检测化学成分、药物残留、病毒种类等化学试剂的盒子。配有进行分析或测定所必需的全部试剂的成套用品。如医学上特定疾病诊断试剂盒、分子生物学使用的核酸提取回收试剂盒、微生物学使用的细菌鉴定试剂盒等。

高效离心柱型 DNA 产物纯化试剂盒:可从各种 DNA 溶液中纯化 DNA 片段,不含盐、蛋白质、RNA 等杂质,纯度与 CsCl 密度梯度离心相仿。500bp 以上片段,回收率可达 85% 以上,200~500bp 回收率 70% 以上,50~200bp 回收率 60%。可回收单链、双链 DNA 片段以及环状质粒 DNA。此方法原理:利用 DNA 溶液及 PCR 产物在高盐,低 pH 的条件下,硅基质膜吸附了溶液及 PCR 产物中的 DNA,独特硅基质膜特异高效的吸附 DNA,最大限度地去除了蛋白质、离子及其他杂质,洗脱下来的 DNA 纯度大大提高。纯化过的基因组 DNA 可以直接用作 PCR 模板、酶切、杂交等生物化学与分子生物学诊断实验。

第二章　生物药物制剂的分类和特点

第一节　蛋白质类和多肽类药物的分类和特点

一、细胞因子药物

（一）细胞因子药物的临床应用

现代科学技术迅猛发展,促进了分子生物学、细胞生物学和医学生物技术的飞速发展。随着药物生物技术产品研究开发的深入,新的生物技术药品不断被批准上市,越来越多的细胞因子药物投入市场,极大地推动了人类医疗技术水平的发展。

1. 干扰素　干扰素常用剂型为注射剂,分为普通注射剂和长效注射剂。局部用药局部作用的剂型有栓剂、凝胶剂等。药理机制:不直接杀伤或抑制病毒,而主要是通过细胞表面受体作用使细胞产生抗病毒蛋白,从而抑制病毒的复制;同时还可增强自然杀伤细胞、巨噬细胞和 T 淋巴细胞的活力,从而起到免疫调节作用,增强机体抗病毒能力。

目前,临床使用的干扰素主要是 α-干扰素,包括:长生扶康、远策素、尤尼隆等。可用于治疗白血病、慢性乙肝、慢性丙肝、宫颈糜烂、多发性硬化症、骨髓增生综合征、肾癌、结肠直癌、膀胱癌、肺癌、类风湿性关节炎、呼吸道病毒感染性疾病等。

2. 白细胞介素　目前白细胞介素常用剂型为注射剂,以冻干粉针居多。药理机制:在传递信息,激活与调节免疫细胞,介导 T、B 细胞活化,增殖与分化及在炎症反应中起重要作用。

目前,临床使用的白细胞介素(白介素)主要有:IL-1、IL-2、IL-3、IL-6、IL-11、IL-12。包括:英特康欣、吉巨芬、欣吉尔等。抗肿瘤治疗中以 IL-2 临床治疗适应证最广,实际应用需求量最大,用于肿瘤与病毒性疾病治疗。

3. 集落刺激因子　集落刺激因子目前常用剂型为注射剂,以液体水针居多。药理机制:选择性刺激造血干细胞增殖、分化为某一谱系的细胞因子。

临床常用的集落刺激因子包括:赛格力、欣粒生、瑞血新等。适用于防治肿瘤患者放、化疗和意外照射所致白细胞减少,治疗慢性白细胞减少,外周血干细胞动员,血液病和肿瘤患者自体骨髓移植或外周血干细胞移植支持治疗等。

（二）细胞因子药物的检测方法

细胞因子的检测方法较多,一般分为生物学、分子生物学、免疫学三大类。

生物学测定法的原理是根据细胞因子特定的生物学活性,应用相应的指示系统,如各种依赖性细胞株或靶细胞,同时与标准品对比测定,从而得知样品中细胞因子的活性水平,一般用活性单位(U/mg)表示。目前常用的细胞因子生物学测定法包括促进细胞增殖和增殖抑制法、细胞毒活性测定法、抗病毒活性测定法、集落形成法、趋化作用测定法及细胞因子诱导产物测定法等。这些方法比较耗时耗力,所以它们主要用来评价细胞因子的功能,而不是进行常规细胞因子检测的手段。

目前在基因水平上常用的检测细胞因子表达的分子生物学方法有 RT-PCR、核酸酶保护分析(RPA)、Northern 印迹、原位杂交(ISH)及微孔板定量分析特异性细胞因子 mRNA 的方法。

免疫学检测法的基本原理是将细胞因子作为抗原,用针对该抗原的特异性抗体进行定量或者定性的检测。目前免疫学检测方法主要包括酶联免疫吸附实验(ELISA)、免疫组织化学技术、酶联免疫斑点(enzyme-linked immlmospot,ELISPOT)、流式细胞四聚体染色和胞内因子染色技术等。本章节将主要介绍流式胞内因子染色技术。

(三) 细胞因子临床治疗应用展望

随着各个学科的发展和相互渗透,细胞因子的发现、合成及其相关生物学特性不断被阐明。DNA 重组工程使其在生产中提供大量高度纯化的治疗用细胞因子成为可能。越来越多的细胞因子得以商品化生产,如重组人干扰素、重组人白细胞介素、重组人粒细胞-巨噬细胞集落刺激因子、重组人粒细胞-集落刺激因子、重组人促红细胞生成素等。它们的生物学特性和相应天然细胞因子的生物学特性相同,从而为细胞因子的研制及临床治疗应用奠定了基础。

应用基因工程和蛋白质工程技术,对已知细胞因子加工改造,以获得临床疗效更好的重组细胞因子;利用特异性点突变技术方法,更改细胞因子某些分子结构,可提高其生物学活性及稳定性,降低不良反应等。在人类重大疾病防治方面具有重要意义,且可以获得巨额的经济效益。

二、重组激素类药物

由于生物体内激素含量极少,来源复杂,种间具有特异性,易受病原体污染等因素的影响,利用基因工程的手段生产重组激素成为一种既安全又经济的策略。另外,利用基因工程手段不仅可以得到天然的激素蛋白,还可以通过定点突变的方法有目的的改造蛋白的结构,获得性能更为优越的或者是全新的激素药物。

(一) 重组激素类药物临床应用

激素是调节机体正常活动的重要物质,对动物繁殖、生长发育以及适应内外环境的变化都有重要作用。当某一激素分泌失去平衡时,就会引发疾病。激素类药物按化学本质可分为氨基酸衍生物类、多肽与蛋白质类、甾体类和脂肪酸衍生物类。它们可以通过天然提取、生物技术和化学合成技术获得。目前,国内外上市的肽与蛋白质激素药物已达几十种。

1. 治疗糖尿病、低血糖症　胰岛素适应证为 1 或 2 型糖尿病。不同种属的胰岛素抗原性有明显差异,人胰岛素的免疫原性要比牛或猪源胰岛素小得多。不同种属的胰岛素临床使用剂量相差较大。

根据起效作用快慢和维持作用时间,临床上使用的胰岛素制剂可分为:

(1) 速效型或短效型:重组人胰岛素注射液、重组门冬胰岛素注射液、重组赖脯胰岛素注射液、重组谷赖胰岛素注射液等。

（2）中效型：低精蛋白锌重组人胰岛素注射液。

（3）长效型：精蛋白锌胰岛素，重组甘精胰岛素注射液、重组地特胰岛素注射液。

2. 治疗侏儒症、促生长 目前，人生长激素（hGH）主要用于因内源性 GH 缺乏引起的儿童侏儒症。临床上使用的制剂有重组人生长激素注射液、注射用重组人生长激素。hGH 潜在应用范围很广，对 hGH 分泌不足的人群，适当补充 hGH，还可延缓衰老。

3. 治疗骨质疏松症、高血钙症 降钙素主要用于治疗骨质疏松症、甲状旁腺机能亢进、婴儿维生素 D 过多症、成人高血钙症、畸形性骨炎等，并可用于诊断溶骨性病变、甲状腺髓细胞癌和肺癌。临床上使用的制剂有：鲑降钙素注射液、注射用鲑降钙素、重组鲑降钙素片；依降钙素注射液。依降钙素作为甲状旁腺及钙代谢调节药，在临床上主要用于治疗骨质疏松症引起的骨痛。人甲状旁腺激素主要用于治疗糖皮质激素引起的骨质疏松症，对因雌激素不足而引起的骨质疏松可起到预防和治疗作用，对皮质骨和松质骨都有保护作用。临床上使用的制剂有：复泰奥注射液。

4. 治疗自身免疫性疾病 胸腺肽主要用于治疗各种细胞免疫功能低下的疾病，以及肿瘤的辅助治疗。临床上常用的制剂有：胸腺肽注射液、注射用胸腺肽、注射用胸腺五肽、注射用胸腺肽 α1。促甲状腺激素主要用于分化良好型甲状腺癌的甲状腺切除治疗。临床上使用的制剂有：注射用重组人促甲状腺素 α。

5. 治疗各种出血病症 生长抑素用于治疗急性食管静脉曲张出血，消化道溃疡出血，急性胰腺炎。临床上主要使用注射用生长抑素；奥曲肽主要用于肝硬化所致食管胃静脉曲张出血的紧急治疗，预防胰腺术后并发症，缓解与胃肠内分泌肿瘤有关的症状和体征以及控制肢端肥大症患者症状等。临床上主要使用醋酸奥曲肽注射液；注射用特利加压素，用于治疗食管静脉曲张出血；特利加压素注射液，用于胃肠道和泌尿生殖系统的出血，如食道静脉曲张、胃和十二指肠溃疡、功能性及其他原因引起的子宫出血、生产或流产等引起的出血的治疗以及手术后出血的治疗，特别是腹腔和盆腔区域的出血以及妇科手术的局部应用。

6. 治疗性功能不全引起的各种病症 人促卵泡激素 α（r-hFSHα）治疗无排卵性不孕、男性低促性腺激素性引起的低性腺激素症。可在助孕过程如体外受精、配子输卵管内转移术、合子输卵管内转移术，刺激多卵泡的发育，达到多排卵的目的。临床上使用的制剂有：注射用重组人促黄体激素 α、注射用重组人绒促性素、重组人促卵泡激素注射液和粉针、重组人促卵泡激素 β 注射液。曲普瑞林临床上用于辅助生殖技术，例如体外受精术、激素依赖型前列腺癌、性早熟、子宫内膜异位症、子宫肌瘤。临床上使用的制剂有：注射用曲普瑞林、醋酸曲普瑞林注射液等。注射用醋酸丙胺瑞林用于治疗子宫内膜异位症。

7. 治疗癌症 戈那瑞林临床主要用于治疗前列腺癌。亮丙瑞林用于妇女子宫内膜异位症，子宫肌瘤等疾病的治疗，临床加大剂量后已应用于一些激素依赖性癌症，如前列腺癌、卵巢癌等疾病的治疗。亮丙瑞林微球缓释制剂临床主要用于治疗前列腺癌、乳腺癌。戈舍瑞林缓释植入剂临床用于前列腺癌、乳腺癌及子宫内膜异位症。

（二）重组激素类药物检测方法

重组激素类药物检测的主要指标为：生物学活性、含量、相关蛋白、高分子蛋白等。

（三）重组激素类药物质控研究难点

随着仪器分析和现代生物技术的发展,生物学技术和新的生化分析技术,以及现代仪器分析技术在药物质控中的应用越来越多。如何用仪器分析方法与动物体内外生物活性测定法相结合,有效地控制激素类药品的质量,是近年来国内外关注的热点。现结合作者实际工作中遇到的问题归纳为以下几个方面:

1. 非注射型制剂的分析方法研究　为解决患者长期注射的不便,开发研究非注射给药途径的激素制剂已成为热点,新型制剂的分析方法有待进一步研究和规范。如微球缓释制剂、缓释植入剂、控释剂释放度及粒度分布测定,吸入式制剂释放剂量均一性和粒度分布的测定,尤其是某些新型剂型分析所用的仪器装置国内尚不具备,应尽快与国际接轨。肽类片剂溶出度以及辅料的鉴别和定量分析方法,激素栓剂、滴眼液有关物质的分析方法还需进一步验证。

2. 糖蛋白激素的结构分析方法的研究　目前,国际上对糖蛋白结构分析热点主要集中在糖基化位点确定、糖链组成分析等方面,而糖蛋白激素(FSH、LH、TSH、HCG)的结构不同于一般的蛋白质,它的肽骨架上连有不同类型的寡糖。对它的定性确证除了一般蛋白质定性研究中的分子量测定、免疫印迹、圆二色光谱图测定、等电点测定、N端测序及肽图研究外,还需对寡糖的糖组成和糖型进行研究。建立和规范上述各激素的结构分析方法,对于研究糖蛋白激素的分离与纯化,提高产品质量将会有巨大的推动作用。

3. 肽与蛋白质激素类药物检定用标准物质的研究　随着我国医药事业的发展,我国自己开发研制的肽与蛋白类激素逐年增加,如胸腺五肽,丙氨瑞林等。还有一些国外已上市,而国内正处于试产或注册阶段的药物,如戈那瑞林、曲普瑞林、人高血糖素、促肾上腺皮质激素、促甲状旁腺素、促卵泡激素等。我国自己开发研制的肽与蛋白类激素多数无国际通用的理化对照品,需要研究并建立我国的原始基准品,并经详细的结构确认,纯度检查,以及多种方法确定含量。药品检定用标准物质如何满足计量科学的要求,如何提升计量科学在药品质控领域的应用,解决药品分析技术与检测方法中的计量问题,如测量标准、测量的可追溯性、测量的不确定性、测量方法的可比较性,已引起国内外业界的关注。

三、重组血液制品和治疗酶

（一）重组血液制品

1. 血液制品生产技术与质控　血液制品是指各种人血浆蛋白制品,包括人血白蛋白、人胎盘血白蛋白、静脉注射用人免疫球蛋白、肌注人免疫球蛋白、组织胺人免疫球蛋白、特异性免疫球蛋白、乙型肝炎/狂犬病/破伤风免疫球蛋白、人凝血因子Ⅷ、人凝血酶原复合物、人纤维蛋白原、抗人淋巴细胞免疫球蛋白等。血液制品的原料是血浆。根据血液制品的定义,不管是由血液提取纯化制成,还是由重组DNA技术表达,再提取纯化制成,均为蛋白。其生产技术主要包括蛋白质提取纯化技术、分析检定技术以及重组DNA技术等。

血液制品的质控要求除蛋白质生物制品的共性要求外,不同的血液制品还有其自身的质控指标。

（1）白蛋白制品:多聚体含量、降压作用及外源性污染。

（2）免疫球蛋白制品：裂解物含量、抗补体活性、降压物质、病毒安全性及其他可能存在的问题等。

（3）凝血因子制品：高危险生物制品，应特别注意安全性。

2. 人血液代用品

（1）概念：人血液代用品（human blood substitute）能够携带氧、维持血液渗透压和酸碱平衡及扩充血容量的人工制剂。

人血液代用品研究的意义：①满足输血需求；②有效解决血型匹配及输血反应问题；③根除血液污染，保证输血安全；④储存运输简便、持久；⑤巨大的经济效益。

（2）人血液代用品应具备的特点：①应具有较高的携氧能力，在氧分压正常的生理范围内，能够有效的向组织提供氧气；②与人血液所有组分具有良好的生物相容性，同时能够很好地维持血液渗透压、酸碱平衡、黏稠度和血容量；③无红细胞表面抗原，不引起输血反应；④无任何病原微生物污染；⑤体内半衰期长，应 ≥24hr；⑥在正常灌注条件下，无肾毒副作用；⑦保质期长，易储存，运输方便；⑧取材容易，制造工艺简便，可工厂化生产。

（二）治疗酶

随着生物技术和现代药剂学研究的进展，酶类药物的应用取得了快速发展，已成为生物药物的一个重要门类。临床上广泛应用的酶类药物已达上百种，中国药典收载了酶类药物 15 种，20 多个规格，英美药典收载的酶类药物也有近十种。酶类制剂品种已超过 100 种。

1. 治疗酶的应用

（1）酶替代治疗：如腺苷脱氨酶、β葡萄糖脑苷酶、α-半乳糖苷酶等。

（2）胃肠道疾病的治疗：如胰酶、胃蛋白酶、纤维素酶、脂肪酶、木瓜蛋白酶等。

（3）炎症的治疗：如溶菌酶、胰凝乳蛋白酶、菠萝蛋白酶、胰蛋白酶等。

（4）促进纤维蛋白溶解的抗凝溶栓治疗，如链激酶、尿激酶、纤溶酶等。

（5）抗肿瘤酶：如门冬酰胺酶、谷氨酰胺酶、神经氨酸苷酶等。

（6）其他治疗用酶：如青霉素酶用于治疗青霉素过敏，透明质酸酶用作药物扩散剂，弹性蛋白酶用于降血脂、治疗脂肪肝等。

2. 新技术在治疗酶中的应用 虽然酶类药物具有非常明显的优势，但由于已开发成功的酶类药物大多属于异种蛋白，治疗中可能出现免疫反应或副作用；另外，酶通常在细胞内含量非常低，产业化难度大，这就限制了天然酶的应用。新技术则拓宽了酶的应用范围。

（1）重组 DNA 技术应用于治疗酶：基因工程技术的发展和应用为治疗用酶的实用化开辟了有效的途径。只要生物细胞中存在酶，即使其含量很低，但通过应用基因工程技术，使基因扩增与表达增强，就可以建立特定酶的基因工程细胞，从而进一步构建成新一代的催化剂-固定化工程菌或固定化工程细胞。

运用基因工程技术可以改善原有酶的各种性能，如提高酶的产量、增加酶的稳定性、使酶适应低温环境、提高酶在有机溶剂中的反应效率、使酶在后提取工艺和应用过程中更容易操作等。运用基因工程技术也可以将原来有害的、未经批准的微生物产生的酶的基因或由生长缓慢的动植物产生的酶的基因，克隆到安全的、生长迅速的、产量很高的微生物体内，改由微生物来生产。

（2）治疗酶的分子设计：酶分子本身蕴藏着很大的进化潜力，许多功能有待于开发。

分子酶工程设计可以采用定点突变和体外分子定向进化两种方式对天然酶分子进行改造。

定点突变：是指通过聚合酶链式反应（PCR）等方法向目的 DNA 片段中引入所需变化，包括碱基的添加、删除、点突变等。定点突变能迅速、高效的提高 DNA 所表达的目的蛋白质的性状及含量，这一技术也成为研究酶结构与功能的常规手段，并被广泛用于改善酶的性能。

酶分子的化学修饰是指在分子水平上对酶进行改造，包括对酶分子主链结构的改变和对其侧链基团的改变。前者是分子生物学层次上的修饰，即在已知酶的结构域功能关系的基础上，有目的地改变酶的某一活性基团或氨基酸残基，从而使酶产生新的性状，又称理性分子设计，主要应用于改造酶的底物特异性、催化特性及热稳定性。后者是利用大分子或小分子修饰剂对酶分子的侧链进行改造，以获得具有临床和工业应用价值的酶蛋白，是目前应用最广泛的酶化学修饰技术。

3. 应用前景与展望　随着现代生物技术以及现代药剂学的发展，治疗用酶取得了重大进展。

（1）发现了许多新的治疗酶品种，如用于治疗恶性免疫综合缺陷症的腺苷脱氧酶，用于治疗血栓症的尿激酶原，用于治疗囊性纤维变性的 DNA 和用于治疗 Fabry 病的 α-半乳糖糖苷酶等。

（2）在原有品种的基础上，通过化学修饰改善了酶的性质，延长了其体内半衰期，降低了毒副作用，使药物的有效性与安全性得到了提高。

（3）成功研制了许多酶类药物新剂型，除了前面提到的品种，还有 SOD 脂质体、蛇毒抗栓酶复乳、多酶微球和纳米制剂等。

（4）应用定点突变技术、基因重组技术和定向进化技术等蛋白质工程技术研制出了新型治疗酶，它们具有溶栓效果好、使用剂量小、使用方便和安全性高的特点。

随着现代生物技术与药学科学技术的综合应用发展，治疗酶正在朝着研究疗效更具特色、性质更稳定、使用更安全和方便的方向快速发展。

四、治疗性抗体

抗体针对相应抗原具有高特异性和高亲和力的特性，并且毒副作用较低，因而在疾病的诊断和治疗中有明显的专一性优势。随着单克隆抗体技术的产生，自 1997 年以来国际单克隆抗体产业实现了飞跃式增长，治疗性单抗药物已经成为目前生物技术药物中品种最多，销售额最大的类型。

（一）各种抗体治疗作用的机制与应用

1. 抗体的基本组成　抗体的基本单位是由 4 条肽链组成的对称结构，包括 2 条相同的重链和 2 条相同的轻链。重链和轻链分别由可变区和恒定区组成。可变区中的互补决定区与抗体和抗原结合的多样性直接有关，而恒定区的结构域与抗体的生物学活性相关。在少数情况下，抗体与抗原结合后可以对机体直接起保护作用，如用抗体中和毒素的毒性，但在多数情况下需要通过效应功能灭活或清除外来抗原。抗体的效应功能有两类，一类是通过激活补体，产生多种生物学效应，如细胞裂解、免疫黏附及调理作用，促进炎症反应；另一类是通过抗体分子中的 Fc 段与细胞表面 Fc 受体的相互作用,通过其 Fc 段分别介导调理作用或抗体依赖性细胞毒作用。

2. 免疫毒素　免疫毒素是一种毒素肽和细胞选择性靶向配体连接的融合蛋白,它能通过靶向结构域的特异结合功能使毒素传递到靶细胞并与之作用进而杀死肿瘤细胞。早期的免疫毒素是由无修饰生物毒素和鼠源抗体连接而成的,连接的方式常为化学偶联法。由于非人源的毒素和鼠源抗体导致的免疫排斥反应以及低亲和力和无靶向特异性,使免疫毒素无法在临床中得到运用。

新型免疫毒素是将毒素肽和细胞选择性靶向配体都进行改造后,再用工程菌或工程细胞实现高效表达。细胞选择性靶向配体使用了工程抗体、转铁蛋白、表皮生长因子以及 IL-2 等。抗体的改造主要集中在降低免疫原性、提高亲和力和增强实体肿瘤深入率等方面,包括改用小分子工程抗体、人源化抗体和突变的高亲和力抗体等。

3. 抗体-细胞因子融合蛋白　细胞因子能激活某些免疫细胞,包括单核细胞、巨噬细胞、NK 细胞、T 细胞和 B 细胞等。应用细胞因子治疗癌症能够引起免疫应答,但这种免疫反应是非特异的,常产生全身毒性。使用抗体工程技术将细胞因子与抗体连接形成融合蛋白,通过靶向作用,细胞因子在肿瘤组织的靶细胞上聚集,在局部杀伤肿瘤细胞,而非特异性毒性将减少或消失。

(二) 治疗性抗体的应用前景

单克隆抗体技术的问世,使研究和生产治疗性单抗药物成为现实。随着基因工程技术的发展,新型的重组抗体技术也随之而生。人们可以利用 DNA 重组技术对鼠源抗体进行人源化改造、构建合成或半合成抗体库及噬菌体抗体库,从中筛选获得人源抗体,甚至利用转基因小鼠直接获得人源抗体。抗体药物发展的趋势也从鼠源、人-鼠嵌合、人源化到全人源。1996~2008 年进入临床研究的人源化单克隆抗体中 45% 用于治疗肿瘤,28% 用于治疗免疫紊乱。其中市售药物包括:莫罗单抗-CD3 (Muromonab-CD3)用于器官移植的抗排斥治疗,利妥昔 (Rituximab)用于非何杰金淋巴瘤治疗,赫赛汀 (Trastuzumab)用于乳腺癌治疗等。抗体药物的发展进入研发、回报的良性循环,成了国际制药业争夺的焦点。

五、重组可溶性细胞因子受体和细胞黏附分子药物

(一) 可溶性细胞因子受体定义

所谓受体是指细胞膜或者细胞器膜上的一类蛋白分子,配体分子与其结合后通常会启动相应的信号通路,这些受体称为膜受体。

在细胞质中也存在一些受体分子,可以称为可溶性受体。另外,对人工表达的膜受体的胞外段,也称为可溶性受体。

(二) 细胞黏附分子定义

细胞黏附分子是参与细胞与细胞之间及细胞与细胞外基质之间相互作用的分子。细胞黏附指细胞间的黏附,是细胞间信息交流的一种形式。而信息交流的可溶递质称细胞黏附分子。细胞黏附分子是一类独立的分子结构,是通过识别与其黏附的特异性受体而发生相

互间的黏附现象。免疫细胞膜分子是免疫应答过程中免疫细胞间或细胞介质间相互识别的分子基础。许多免疫细胞膜分子存在可溶性形式。可溶性细胞因子受体(sCKR)和可溶性黏附分子(sAM)与其配体或受体结合并发挥生物学效应,因而得到人们重视。

sCKR 和 sAM 的生物学效应:

(1) 充当配体与受体作用的阻断剂。

(2) 配体与相应受体作用的协同剂。

(3) 模拟膜分子的刺激或抑制作用。

(4) 充当配体的载体。

(5) 生长因子。

六、基因工程病毒疫苗

(一) 基因工程疫苗的优势

传统疫苗受制作工艺的限制,其保存、使用和接种副反应等方面都容易出现一些问题。尽管目前基因工程疫苗研究还未获得全面突破性进展,但由于传统疫苗的缺陷和基因工程疫苗的潜在优势,基因工程疫苗逐渐成为疫苗研究的热点。

与传统疫苗相比,基因工程疫苗有以下优势:

(1) 把保护性抗原基因插入载体的能力,修饰的载体能表达来自病原微生物的保护性抗原基因,细菌和病毒载体,都能产生兼有活疫苗和灭活疫苗优点的疫苗,这种类型的疫苗既具有亚单位疫苗的安全性又具有活疫苗的效力。

(2) 易于大规模使用(喷雾或气雾)。

(3) 生产费用相对较低,目前世界上几个研究组织正在生产特定的禽用疫苗载体。

(二) 基因工程疫苗包含范畴

基因工程疫苗主要包括基因工程亚单位疫苗、基因工程载体疫苗、核酸疫苗、基因缺失活疫苗及蛋白质工程疫苗五种。

1. 基因工程亚单位疫苗(gene engineering subunit vaccine)　基因工程亚单位疫苗,主要是指将基因工程表达的蛋白质抗原纯化后制成疫苗。

(1) 优点:①产量高;②纯度高;③安全性高;④用于病原体难于培养或有潜在致癌性,或有免疫病理作用的疫苗研究。

(2) 缺点:与传统亚单位疫苗相比,免疫效果较差。

(3) 增强其免疫原性的方法:①调整基因组合使之表达成颗粒性结构;②在体外加以聚团化,包括脂质体或胶囊微球;③加入有免疫增强作用的化合物作为佐剂。

2. 基因工程载体疫苗(gene engineering vector vaccine)　基因工程载体疫苗是指利用微生物作载体,将保护性抗原基因重组到微生物体中,使用能表达保护性抗原基因的重组微生物制成的疫苗。

(1) 优点:疫苗多为活疫苗,重组体内用量少,抗原不需纯化,载体本身可发挥佐剂效应增强免疫效果。

(2) 缺点:曾感染过腺病毒或者接种过痘苗的人,对载体微生物已具有免疫力,使之接种后不易繁殖,从而影响免疫效果。

3. 核酸疫苗(nucleic acid vaccine)　核酸疫苗亦称基因疫苗(gene vaccine),指使用能够表达抗原的基因本身,即核酸制成的疫苗。

(1) 优点:①易于制备;②便于保存;③可多次免疫并且容易制成多联多价疫苗。

(2) 缺点:①外源核酸可能会整合到染色体中引起癌变;②可能引起免疫病理作用,如自身抗核酸抗体的产生,免疫耐受等。

4. 基因缺失活疫苗(gene deleted live vaccine)　基因缺失活疫苗是应用分子生物技术去除与毒力有关的基因,获得缺失突变毒株制成的疫苗。

优点:①有突变性状明确、稳定;②不易返祖、毒力恢复;③是研究安全有效的新型疫苗的重要途径。

5. 蛋白质工程疫苗(protein engineering vaccine)　蛋白质工程疫苗是指将抗原基因加以改造,使之发生点突变、插入、缺失、构型改变,甚至进行不同基因或部分结构域的人工组合,以期达到增强其产物的免疫原性,扩大反应谱,去除有害作用或副反应的一类疫苗。

第二节　核酸和多糖类药物的分类和特点

一、核酸疫苗

(一) 定义

核酸疫苗又称基因疫苗或 DNA 疫苗,就是把外源基因克隆到真核质粒表达载体上,然后将重组的质粒基因直接免疫机体,使外源基因在活体内表达,产生的抗原激活机体的免疫系统,引发免疫反应。

(二) 特点和应用现状

1. 特点

(1) 优点:①免疫保护力强;②制备简单,省时省力;③同种异株交叉保护;④应用较安全;⑤产生持久免疫应答;⑥ 贮存、运输方便;⑦可用于防治肿瘤。

(2) 缺点:①质粒 DNA 可能诱导自身免疫反应;②持续表达外源抗原可能产生一些不良后果;③肌内注射质粒后,仅有很少部分被肌细胞所摄取。

2. 核酸疫苗的应用现状　核酸疫苗的研究只是近十几年发展起来的一项新的生物技术,它已成为疫苗研究领域中的热点之一,特别是其研究方向与世界卫生组织儿童疫苗计划的长远目标(用一种疫苗预防多种疾病)相吻合。现在已获得了迅速的发展。它的研究具有深远意义,可用于细菌、病毒、寄生虫等多种疾病的预防,其多价、高效、廉价等优点使其潜在的应用价值不可估量。

有关质粒 DNA 疫苗在人类及动物产生预防和治疗作用的研究报道不断增加,应用范围也逐渐扩大。人们期望用核酸疫苗来征服诸如微生物感染性疾病、寄生虫病等顽症,并用于肿瘤、遗传病和其他多种疾病的基因水平治疗,所以作了多方面的尝试。

（三）核酸疫苗的安全性问题

（1）局部反应原性和全身毒性研究，即考虑 DNA 疫苗是否有免疫毒性作用，机体是否对疫苗编码的抗原产生耐受性，或是否导致自身免疫反应，还应对疫苗中污染的细菌蛋白是否诱发抗体产生进行评估。

（2）遗传性作用，即质粒 DNA 是否与宿主基因组的整合问题。

（3）生殖毒性研究，可采用 PCR 方法对经质粒 DNA 疫苗免疫的雄性或雌性动物的性腺 DNA 提取物进行检测。

（4）致肿瘤性研究，如果质粒 DNA 疫苗构建具有与人的基因组同源的 DNA 序列，或其载体含有已知的潜在致癌基因序列时，需展开这方面的研究。

二、基因治疗药物

（一）定义

基因治疗（gene therapy）是指将外源正常基因导入靶细胞，以纠正或补偿因基因缺陷和异常引起的疾病，以达到治疗目的。从广义说，基因治疗还可包括从 DNA 水平采取的治疗某些疾病的措施和新技术。

（二）基本程序

包括：①治疗性基因的获得；②基因载体的选择；③靶细胞的选择；④基因转移方法；⑤转导细胞的选择鉴定；⑥回输体内。

（三）基因治疗研究要求

一般要符合下列要求：①为已明确了的单基因缺陷疾病；②仅限于体细胞；③靶细胞的亲缘性和可操作性；④有明显疗效和无或低危害性；⑤表达水平稳定、持久；⑥必须有动物实验基础。

（四）进行基因治疗必须具备的条件

（1）选择适当的疾病，并对其发病机制及相应基因的结构功能了解清楚。

（2）纠正该病的基因已被克隆，并了解该基因表达与调控的机制与条件。

（3）该基因具有适宜的受体细胞并能在体外有效表达。

（4）具有安全有效的转移载体和操作方法，以及可供利用的动物模型。

第三章 生物药物制剂制备流程、原液质量标准及稳定性

第一部分 生物药物制剂原液制备工艺流程

第一节 菌种的选育

菌种,是用于发酵过程作为活细胞催化剂的微生物,包括细菌、放线菌、酵母菌和霉菌四大类。其来源于自然界大量的微生物,从中经分离并筛选出有用菌种,再加以改良,贮存待用于生产。

菌种选育的理论基础是微生物遗传学、生物化学等基础学科,而其作为一门应用技术,它的研究目的是使微生物产品高产且质优,发展新品种,从而为生产不断地提供优良菌种,促进生产发展。

从自然界获得的菌种,通过进一步的菌种选育,可为发酵工业生产提供各种类型的突变株,提高发酵单位(发酵单位是衡量发酵液中目的产物的含量高低的指标),还可改进产品的质量、去除多余的代谢产物和合成新品种,从而使抗生素、氨基酸、核苷酸、有机酸、酶制剂、维生素、生物碱、动植物生长激素、脂肪、蛋白质和其他生理活性物质等产品的产量大幅度增长,经济效益显著提高。

目前常用菌种选育方法为自然选育和诱变育种两种传统育种方法,其具有菌种来源广,方法简便易行等优点,虽不能按照生产需要定向诱变,但因其简单易生产的特性,是现在应用较为普遍的方法。

随着微生物学、生化遗传学的发展,出现了一些较为定向的育种方法,如转化、转导、接合、原生质体融合、代谢调控和基因工程等。这些方法得到全世界的广泛关注,并发展迅速,尤其是基因工程育种,在微生物分子育种方面取得了巨大成功,重组胰岛素的上市就是第一个例证。随着生物技术的不断发展,基因工程育种必将取代传统育种,使微生物各种代谢产物的生产快速产业化,以满足人类日益增长的需求。

一、自 然 选 育

(一) 基本原理

自然选育即在生产过程中,不经过人工处理,利用菌种的自然突变而进行菌种筛选的过程。这种自然突变就是指某些微生物在没有人工参与下所发生的突变。

自然突变会出现两种情况,一种是菌种的衰退和生产质量的下降,是对生产不利的;另一种是对生产有利的。因此,为了确保生产水平不下降,要保障菌种质量,生产菌株要定期纯化,淘汰衰退的菌株,保存优良菌株;此外还能选育出新性状菌株。这也是自然选育的目的。

自然选育具有其独特特点,即简便易行,菌种来源广,资源丰富,它可以达到纯化菌种、

防止菌种衰退、稳定生产、提高产量的目的。但同时也具有一定局限性,即工作量大、进展慢,自然突变几率小,不易筛到理想的目的菌株,难以大幅度地提高生产水平。因此,实际工作中经常交替使用自然选育和诱变育种,以得到更好的效果。

（二）自然选育的步骤

自然选育的步骤,是把菌种制备成单孢子悬浮液,经适当的稀释后,在固体平板上进行分离,挑取部分单菌落进行生产能力的测定。经反复筛选,选取目的菌种。流程如图 3-1 所示。

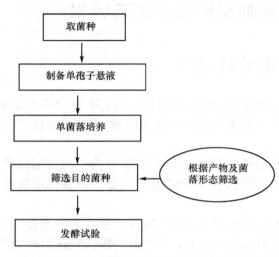

图 3-1　自然选育的步骤流程图

中挑选少数符合目的的突变株,以供生产科研之用。

根据突变发生的原因可分为自然突变和诱发突变。自然突变是指在自然条件下出现的基因突变,即上述自然选育的基本原理。诱发突变是指用各种物理、化学或生物因素人工诱发的基因突变。经诱变处理后,微生物的遗传物质 DNA 和 RNA 的化学结构发生改变,从而引起微生物的遗传变异。

诱变育种具有高突变率的优点,但也具有其局限性,如突变随机、遗传性质不稳定等。

（二）诱变育种的步骤

诱变育种的整个流程包括三个环节:诱发突变、突变株筛选及突变株最佳培养条件的确定,具体流程如图 3-2 所示。

1. 诱发突变　包括由出发菌株开

二、诱变育种

（一）基本原理

诱变育种的理论基础是基因突变。利用物理或化学诱变剂处理均匀分散的微生物细胞群,促进其突变率大幅度提高,然后设法采用简便、快速、高效的筛选方法,从

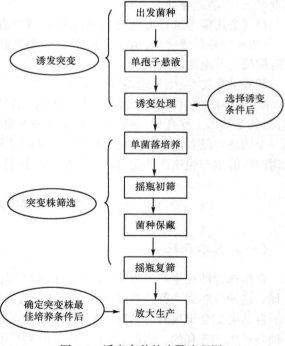

图 3-2　诱变育种的步骤流程图

始,制出新鲜孢子悬浮液(或细菌悬液),选择诱变剂及其剂量,作诱变处理,然后稀释菌株至合适浓度涂至平皿,待平皿上长出单菌落进行挑选。此过程中出发菌株、诱变剂及其剂

量是关键所在。

（1）出发菌株的来源：出发菌株即用来育种的起始菌株。其来源有以下几种：①自然界直接分离到的野生型菌株，自然界新分离的野生型菌株，对诱变处理较敏感，容易达到好的效果；②历经生产考验的菌株，在生产中经生产选种得到的菌株与野生型较相像，也是良好的出发菌株；③已经历多次育种处理的菌株，菌株经过每次诱变处理都有一定提高，多次诱变能积累较多的提高。

（2）出发菌株的选择：成为诱变育种的出发菌种应具备一定条件：①对诱变剂的敏感性高；②具有产生特定性状的能力或潜力。

出发菌株开始时可以同时选 2～3 株，在处理比较后，将更适合的出发菌株继续诱变。且出发菌株要尽量选择单倍体细胞、单核或核少得多细胞体来作出发诱变细胞，因为变异性状大部分是隐性的，特别是高产基因。

（3）单细胞（单孢子）悬液的制备：这一步骤的关键是制备单细胞和单孢子状态的、活力类似的菌悬液，为此要进行合适培养基的培养，并要离心，洗涤，过滤。

此步骤要求菌体处于对数生长期，并使细胞处于同步生长；细胞分散且为单细胞，以避免表型延迟现象。表型延迟即指表型的改变落后于基因型改变的现象。

（4）菌悬液制备方法

1）细菌：采用同步化的预培养方法。方法步骤如图 3-3 所示。

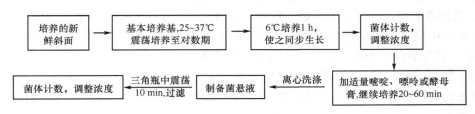

图 3-3　细菌悬液制备方法

2）产孢子菌类：处理材料是孢子，而不是菌丝。方法步骤如图 3-4 所示。

图 3-4　产孢子菌类悬液制备方法

3）不产孢子的真菌：直接采用年幼的菌丝体进行诱变处理。可用三种方法：菌丝尖端法、处理单菌落周围尖端菌丝法、混合处理法。

（5）诱变处理

1）诱变剂种类的选择：在选用理化因子作诱变剂时，在同样效果下，应选用最方便的因素；而在同样方便的情况下，则应选择最高效的因素。在物理诱变剂中，紫外线最为方便，而在化学诱变剂中，一般可选用诱变效果最为显著的"超诱变剂"，如亚硝基胍。

通常选择诱变剂种类的做法为：取几种诱变剂，各取不同剂量做一系列诱变试验，挑选处理后的菌落上千个，进行生产能力的测定，作出生产能力分布状况，然后分别统计它们的正突变株、负突变株和稳定株的频率。

2）诱变剂剂量的确定：一般对于一种化学诱变剂，处理浓度对不同微生物有一个大致范围,在进行预试验时,也通常是将处理浓度、处理温度确定后,测定不同时间的致死率来确定适宜的诱变剂量。而化学诱变剂与物理诱变剂还有一点不同,化学诱变剂处理到确定时间后,要有合适的终止反应方法,一般采用稀释法、解毒剂或改变 pH 等方法来终止反应。

为了确定一个合适的剂量,通常要经过多次试验,就一般微生物而言,诱变频率往往随剂量的增高而增高,但达到一定剂量后,再提高剂量会使诱变频率下降。根据对紫外线、X 射线及乙烯亚胺等诱变剂诱变效应的研究,发现正突变较多地出现在较低的剂量中。而负突变则较多地出现在高剂量中,同时还发现经多次诱变而提高产量的菌株中,高剂量更容易出现负突变。因此,在诱变育种工作中,目前较倾向于采用较低剂量。

2. 突变株筛选　包括经单菌落初筛,筛选方案的设计,突变株生产能力测定和复筛。

初筛的目的是除去明确不符合要求的大部分菌株,把生产性状类似的菌株尽量保留下来,使优良性状的菌株不至于漏网;因此,初筛工作以量为主,测定的精确性还在其次;初筛手段应尽可能快速、简单。

复筛的目的是确认符合要求的菌株;复筛以质为主,应精确测定每个菌株的生产指标。复筛常采用摇瓶或台式发酵罐进行放大试验,以进行接近实际的生产性能测定。

经筛选后获得的优良菌株,进行保藏,供生产需要时用。

3. 突变株最佳培养条件的确定　最后环节即为突变株的最佳培养条件的调整及确定。在诱变育种中同时要找出突变株的最佳培养条件,如培养基、pH、温度及突变株悬液的密度等,使突变株在最佳培养条件下合成有效的目的产物。

综上所述,诱变育种的整个过程主要是诱发突变和突变株筛选的不断重复,直到获得比较理想的高产菌株。最后对其稳定性、菌种特性、最适培养条件等进行考察,再进一步放大生产试验。

三、基因工程定向育种法

基因工程育种是以分子遗传学的理论为基础,综合分子生物学和微生物遗传学的重要技术而发展起来的一门新兴应用科学。

近年来出现的运用基因工程进行定向育种的新技术主要有基因的定点突变、易错PCR、DNA 重排、基因重组等。

1. 定点突变(site-specific mutagenesis 或 site-directedmutagenesis)　是指在目的 DNA 片断(例如:一个基因)的指定位点引入特定的碱基对的技术。

2. 易错 PCR(Error-prone PCR,简称 EP-PCR)　是在采用 DNA 聚合酶进行目的基因扩增时,通过调整反应条件,如提高镁离子浓度、加入锰离子、改变体系中四种脱氧核糖核苷三磷酸(dNTPs)浓度或运用低保真度 DNA 聚合酶等,来改变扩增过程中的突变频率,从而以一定的频率向目的基因中随机引入突变,获得蛋白质分子的随机突变体。

3. DAN 重排(DNA shuffling)**技术**　是一种利用重组文库的体外定向进化技术。基本原理是首先将同源基因(单一基因的突变体或基因家族)切成随机大小的 DNA 片段,然后进行 PCR 重聚。那些带有同源性和核苷酸序列差异的随机 DNA 片段在每一轮循环中互为引物和模板,经过多次 PCR 循环后能迅速产生大量的重组 DNA,从而创造出新基因。

4. 基因重组法定向育种 基因重组法是通过传统诱变与原生质体融合技术相结合,通过诱变手段获得若干正性突变株,并采用细胞融合方式使之全基因组发生重组,经过递推式多次融合,使基因组在较大范围内发生交换和重排,将引起正性突变的不同基因重组到同一个细胞株中,最终获得具有多重正向进化标记的目标菌株。此种放法大幅度提高了微生物细胞的正向突变频率及正向突变速度,使人们能够快速选育出高效的正向突变菌株。

其具体操作过程是通过对原始出发菌株(母本)进行诱变获得初始突变体库,从中筛选出若干性能优良的突变株(正性突变株),以之作为亲本进行原生质体的制备,并选择合适的方式和条件进行原生质体融合和再生,长成菌落即为 F1,再从 F1 代中筛选出具有若干优良性状的融合株,制备成为原生质体,用同样的方法进行融合再生,依此类推,开展递推式的多轮融合(一般为 3~5 轮),最终使引起正性突变的不同基因重组到同一个细胞株中,获得优良菌株,从而达到改良菌种的目的,见图 3-5。

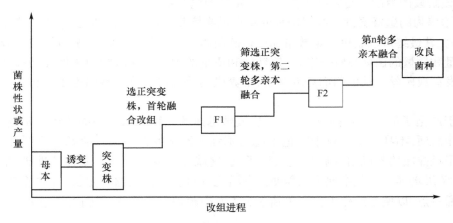

图 3-5 基因重组法定向育种操作过程

第二节 种子的制备

种子制备是指将沙土管、冷冻干燥管中处于休眠状态的生产菌种接入试管斜面活化后,再经过扁瓶或摇瓶及种子罐逐级扩大培养而获得一定数量和质量的纯种的过程。

种子制备的目的,一是接种量的需要,为每次发酵罐的投料提供一定数量代谢旺盛的种子;二是缩短发酵时间,提高发酵罐利用率,同时减少染菌机会,保证生产水平。种子制备是形成一定数量和质量的菌体。孢子发芽和菌体开始繁殖时,菌体量很少,在小型罐内即可进行。而发酵的目的是获得大量的发酵产物,产物是在菌体大量形成并达到一定生长阶段后形成的,需要在大型发酵罐内才能进行。

种子制备一般包括两个过程,即实验室种子制备过程和生产车间种子制备过程。具体流程如图 3-6 所示。

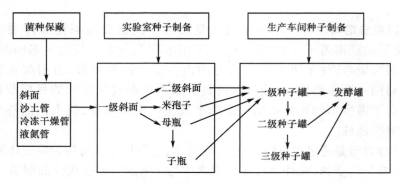

图 3-6　种子的制备过程

（一）实验室种子制备

1. 该阶段的目的　是将种子扩培到一定的质量和数量。

2. 培养物的选择原则　根据菌种的特点最终培养物可以分为两类：①不产孢子和芽胞的微生物，其最终可以获得一定数量和质量的菌体。②产孢子的微生物，其最终不仅可获得一定数量和质量的菌体，还可获得一定数量和质量的孢子。保藏的菌种经无菌操作接入适合孢子发芽或菌丝生长的斜面培养基中，培养成熟后挑选菌落正常的孢子可再一次接入试管斜面。

对于产孢子能力强及孢子发芽、生长繁殖迅速的菌种可以采用固体培养基培养孢子，这样操作简便，不易污染。对于产孢子能力不强或孢子发芽和菌丝繁殖速度缓慢的菌种，需将孢子经摇瓶培养成菌丝后再进入种子罐，这就是摇瓶种子。摇瓶种子进罐，常采用母瓶、子瓶两级培养。母瓶中孢子培养使菌种活化、纯化，使保藏菌种生长，并去除变异株，接种时应稀一点，以便于纯化生长到单菌落。子瓶中菌种大量繁殖，得到大量孢子。

（二）生产车间种子制备

本过程是将实验室制备的孢子或摇瓶菌丝移种至种子罐进行扩大培养。因种子培养在种子罐里面进行，一般归为发酵车间管理，因此称这些培养过程为生产车间阶段。此过程最终一般都是获得一定数量的菌丝体。种子罐种子制备的工艺过程因菌种不同而异，一般可分为一级种子、二级种子和三级种子的制备。接种量指移入种子的体积与接种后培养液的体积的比。种子罐级数就是指种子在种子罐中需扩大培养的次数。种子罐的级数主要受发酵规模、菌体生长特性、接种量的影响。

第三节　发　　酵

前面几节介绍了菌种的选育、储藏及种子的制备方法，经种子罐扩大的种子转移至发酵罐进行进一步的扩大，即可得发酵产品。

一、发 酵 概 念

发酵是指通过生物体的生长繁殖和代谢活动，产生和积累人们所需产品的生物反应过程。

发酵工程是指采用现代工程技术手段,利用微生物的某些特定功能,为人类生产有用的产品,或直接把微生物应用于工业生产过程的一种新技术。发酵过程的内容包括菌种的选育、培养基的配制、灭菌、扩大培养和接种、发酵过程和产品的分离提纯等方面。

二、发 酵 流 程

见图 3-7。

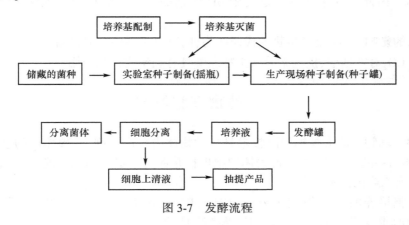

图 3-7 发酵流程

三、发 酵 方 式

发酵方式广义上分为固体发酵和液体发酵两种。根据操作方式的不同液体发酵可分为分批发酵、连续发酵、补料发酵和半连续发酵等方式。

1. 分批发酵 分批发酵是将发酵培养基组分一次性投入发酵罐,经灭菌、接种和发酵后,再一次性地将发酵液放出的一种间歇式的发酵操作类型。

2. 补料-分批发酵 是在分批发酵过程中间歇或连续地以某种方式补入新鲜料液,克服由于养分不足而导致发酵过早结束的问题。由于只有料液的输入,没有输出,因此,发酵液的体积在增加。

3. 半连续培养 是在补料分批培养基础上,加上间歇放掉部分发酵液进入下游提取工段的发酵操作方式。

4. 连续发酵 连续发酵是当发酵过程进行到一定阶段时一边连续补充发酵培养液,一边又以相同的流速放出发酵液,维持发酵液原来的体积的发酵方式。微生物在稳定状态下生长和代谢。在稳定的状态下,微生物所处的环境条件都能保持恒定,微生物细胞的浓度及其比生长速率也可维持不变,甚至还可以根据需要来调节生长速度。

四、发酵过程影响因素

1. 温度的影响 微生物的生长和产物合成均需在其各自适合的温度下进行,温度是保证酶活性的重要条件,故在发酵过程中必须保证最适宜的温度环境。

2. 菌体浓度的影响 菌体(或细胞)浓度(cell concertration)是指单位体积培养液中菌

体的含量。菌体浓度反映菌体细胞的多少及其生理特征的不同阶段。

在适当的生长速率下,发酵产物的产率与菌体浓度成正比。在发酵过程中必须设法使菌浓控制在合适的范围内。

3. 培养基的影响 培养基的成分对微生物发酵产物的形成有很大影响。每一种代谢产物有其最适的培养基配比和生产条件。

发酵培养基必须满足微生物的能量、元素和特殊养分的需求。

4. pH 的影响 pH 是微生物生长和产物合成的非常重要的状态参数,是代谢活动的综合指标。因此必须掌握发酵过程中 pH 变化的规律,及时监控,使它处于生产的最佳状态。

5. CO_2 的影响 CO_2是微生物的代谢产物,同时也是某些合成代谢的一种基质,溶解在发酵液中的 CO_2对氨基酸、抗生素等微生物发酵具有刺激或抑制作用。

五、动物细胞发酵

1. 概述 动物细胞大规模发酵技术是从动物体内分离细胞,模拟体内的生理环境,在无菌、恒温和均一的营养介质下,使离体细胞生长并保持一定结构和功能、实现表达产物稳定分泌的一项工业化技术。

动物细胞培养的工程细胞主要有:CHO、BHK、HEK293、Vero、SP2/0 等,其发酵技术至少有 70% 是采用搅拌式生物反应器连续悬浮培养形式,50% 以上采用无血清、无蛋白培养。

2. 动物细胞培养工艺

(1)动物细胞悬浮发酵工艺:是指细胞自由悬浮于培养液内生长增殖的一种发酵方法。目前国际上该项技术发展较快,已逐渐趋向成熟。此工艺具有操作简单、产率高、容易放大等优点。

(2)动物细胞贴壁发酵工艺:是一种让细胞贴附在某种基质(或载体)上进行增殖的工艺,主要适用于贴壁细胞,也适用于兼性贴壁细胞,实际生产中具有贴壁生长特性的细胞种类较多,如 CHO、BHK、Vero 细胞等。

贴壁发酵工艺的主要优点是细胞能够贴附于发酵介质内外表面,有效的表达产品,且容易进行培养液的更换,培养过程中不断添加新鲜培养液,去除代谢产物,从而使单位体积内细胞密度较高,与悬浮培养比可以维持的培养周期相对较长。

第四节 分离纯化

经发酵后所得发酵液中除了目标产物,杂质含量也很高,因此需要从发酵液中分离和纯化产品,其主要环节包括:细胞破碎(超声、高压剪切、渗透压、表面活性剂和溶壁酶等),固液分离(离心分离,过滤分离,沉淀分离等工艺),蛋白质纯化(沉淀法、色谱分离法和超滤法等),最后还有产品的加工、包装(真空干燥和冷冻干燥等)。

一般流程如图3-8所示。

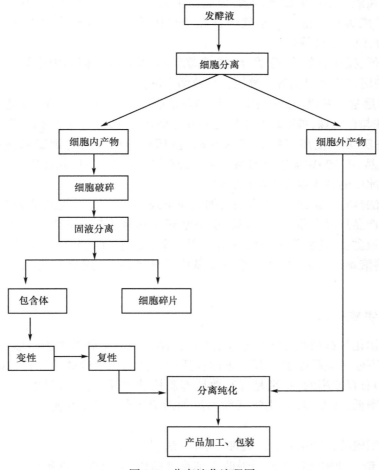

图 3-8　分离纯化流程图

一、细 胞 破 碎

很多基因工程产物都是胞内物质，必须将细胞破壁，使产物得以释放，才能进一步提取，因此细胞破碎是提取胞内产物的关键步骤，细胞破碎方法很多，按所用方法属性分为物理法、化学法、生物法三类。

（一）物理破碎法

是常用的方法，速度快，处理量较大，不会带入其他化学物质。物理法按破碎方式分为靠液体剪切作用进行破碎的高压匀浆法和超声破碎法以及靠固体剪切作用进行破碎的球磨法、挤压法。

1. 高压匀浆法　细胞在一系列过程中经历了高速运动造成的剪切力、碰撞以及由高压到常压的变化从而使细胞破碎。该方法可大规模应用，且适用于多种微生物细胞，但较容易造成堵塞的团状或丝状真菌、较小的革兰阳性菌和一些亚细胞器，它们质地坚硬，容易损伤匀浆阀，不适合用该法处理。

2. 超声破碎法　是使用超过 15~20kHz 频率超声波处理细胞悬液，在处理过程中，高强度的超声波在液体中产生纵波传播,因而产生交替压缩和膨胀区,压力变化引起空穴现象,在介质中形成微小气泡核。小气泡核在绝热压缩和崩溃时,产生 5000℃ 高温和超过 50 000kPa压力,使细胞壁损伤。

该法成本低、操作简单,十分适合实验室规模的细胞破碎,但高强度的超声波会产生热效应,空化效应时产生瞬时高温及高压会导致酶失活。

3. 高速珠磨法　其原理是让细胞悬液和超细研磨剂(无铅玻璃珠)在搅拌浆作用下充分混合,玻璃珠与玻璃珠,玻璃珠与细胞之间互相剪切、碰撞促进细胞壁破裂,释放内含物。

4. 高压挤压法　使用特殊装置 X-Press 挤压机。把浓缩的细胞悬液冷却至 −30 ~ −25℃,形成冰晶,用 500MPa 以上的高压冲击,使冷冻细胞从高压阀孔中挤出,由于冰晶体磨损和包埋在冰中的细胞变形引起细胞破碎。

物理破碎法具有一定缺点:该方法使细胞完全破碎,所有的细胞内容物都将被释放,所以必须将目标产品从混有蛋白质、核酸、细胞壁碎片和其他产品的混合物中分离出来。除核酸会增加溶液黏度,这将使随后的分析过程复杂,尤其是色谱分析。物理破碎产生的细胞碎片,会使溶液难以澄清,且影响粉碎设备中液体的循环,用离心法无法完全除去微小碎片。

(二) 化学破碎法

是一类利用化学试剂改变细胞壁或细胞膜的结构或完全破除细胞壁形成原生质体后,在渗透压作用下使细胞膜破裂而释放胞内物质的方法。化学渗透法比机械破碎的选择性高,胞内产物的总释放率低,特别是可有效地抑制核酸的释放,料液黏度小,有利于后处理过程。但其速率低,效率差,且化学试剂的添加形成新的污染,给进一步的分离纯化增添麻烦。

化学破碎细胞的方法主要有渗透冲击、增溶法、脂溶法。

1. 渗透冲击　细胞能适应并慢慢改变细胞外的压强,但如果细胞外压力快速变化,则会物理性伤害细胞。该法是先将微生物细胞置于高渗介质,待达成平衡后,突然稀释介质或将细胞转入水或缓冲液,在渗透压的作用下,水渗透通过细胞壁和膜进入细胞,使细胞壁和膜膨胀破裂。此法比较温和,操作简单,但它仅适用于细胞壁较脆弱的,经酶预处理或细胞壁合成受抑制而强度减弱的菌体细胞。

2. 增溶法　是利用表面活性剂等化学试剂的增溶作用,增加细胞壁和膜的通透性使细胞破碎的方法。

3. 脂溶法　许多有机溶剂能与细胞壁和膜上的脂质作用,可导致细胞壁膨胀、破裂,释放出胞内物质。例如甲苯、氯苯、异丙苯等。

(三) 生物破碎法

酶溶法是使用酶改变细胞的渗透性,经常用于释放细胞周质或表面的酶。通常用 EDTA 破坏革兰阴性细菌的细胞膜,溶菌酶可以影响细胞膜。自溶是一种特殊的酶溶方式,它是利用微生物自身产生的酶来溶菌,而不需外加其他的酶。

化学法和生物酶溶法都有其缺点:两者都只降解细胞壁的骨架,从而使溶液中出现很多较大的碎块,对离心后细胞内含物的纯度有影响。除此之外,在溶酶系统中,还有一个难以避免的问题是产物抑制,甘露糖会抑制蛋白酶的作用,葡聚糖会抑制葡聚糖酶的作用,因此细胞内含物释放率低的一个最重要的因素可能是产物抑制。此外，这两种方法的通用性差，不同的菌株需要选择相应的不同的化学试剂或酶。

二、固液分离

我们要做好分离精制发酵产品工作，必须了解作为分离精制对象的发酵液的特点，具体如下：①含有大量的水分；②含有菌体、蛋白质等使发酵液黏度增加的固体成分；③溶有用作培养基成分的无机盐类；④除产物外，还含有微量副产物、色素、毒性物质等有机杂质；⑤发酵液容易被使产物分解的杂菌污染。

根据发酵液特点，需根据分离精制的发酵产物，来选择适宜的分离方法。可用离心法、沉淀法、膜过滤或萃取法等方法，使细胞破碎后的细胞碎片配在一相而分离，同时也起到部分纯化作用。常用方法有：

1. 离心　是固液分离的主要手段，包括高速离心和超速离心。例如，对于含细菌和放线菌的发酵液，因其菌体小，因而必须用助滤剂进行菌体分离或采用离心分离。

2. 膜过滤　常用的膜过滤有微滤、超滤、反渗透等。微滤用于分离细胞、细胞碎片、包含体、蛋白质沉淀物等固体颗粒。超滤用于浓缩蛋白质、多糖、核酸等大分子物质。反渗透用于脱去抗生素、氨基酸等小分子中的水分。

3. 沉淀法　利用发酵液中各物质的重力不同，使发酵产物与沉淀分离。

4. 蒸馏法　蒸馏是利用混合液中各组分的挥发度不同而加以分离提纯的方法。成熟的发酵液中各组分在相同压强和相将同温度条件下的挥发程度不同，从而可将各组分从发酵液中分离出来，然后从塔设备中反复汽化、冷凝，于是沸点有差别的物质就可以被分离，塔顶是较纯的易挥发组分，塔底是较纯的难挥发组分。

5. 萃取法　利用混合液中各组分与萃取剂溶解度的不同，提取和精制发酵产物，常用的萃取剂为：乙酸乙酯、丁醇、氯仿等。

三、重组蛋白质的分离纯化

工程菌或工程细胞经过细胞破碎和固液分离后，目的产物仍与大量的杂质混合在一起，因此为了获得预期的目的产物，需对混合物进行分离和纯化。主要依赖色谱分离方法。

色谱技术是从混合物中分离组分的重要方法之一，能够分离物化性能差别很小的化合物。当混合物各组成部分的化学或物理性质十分接近，而其他分离技术很难或根本无法应用时，色谱技术愈加显示出其实际有效的优越性。

1. 凝胶色谱法　凝胶色谱法又称空间排阻色谱法、分子排阻色谱法，根据被分离组分分子的线团尺寸而进行分离。其固定相是多孔性凝胶，是一种不带电荷的立体多孔网状结构的物质，凝胶的每个颗粒的细微结构就如一个筛子。凝胶色谱法的分离机制与流动相的性质无关，其只取决于凝胶的孔径大小和被分离组分尺寸间的关系。将样品加入凝胶柱后，较大的分子不能通过凝胶上的孔道进入凝胶珠体内部，从而先随流动相流出层析柱；而较小的分子可以渗入凝胶内部，因此走的路径比大分子长，从而在大分子之后随流动相流出层析柱。从而使大小不同的分子被分离。其原理示意图如图3-9所示。

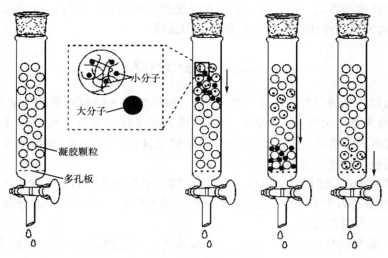

图 3-9 凝胶色谱法原理示意图

凝胶色谱可完全按照流动相的不同，分为两类：以有机溶剂为流动相称为凝胶渗透色谱法(gel permeation chromatography, GPC)；以水溶液为流动相者称为凝胶过滤色谱法(gel filtration chromatography, GFC)。

2. 亲和层析分离法 许多生物活性物质具有与其他某些物质可逆结合的性质，生物物质的这种结合能力称为亲和力。生物亲和力具有高度的特异性，即一种生物物质只与另一种特定的物质结合。

亲和层析是将有亲和吸附作用的物质分子(称为配体)偶联在固体介质骨架(称为载体)上作为固定相，与含有目的分子的混杂原料作用，并去除所有未结合的杂质后，再以一定条件洗脱下单一目的分子而得以纯化。亲和层析固定介质骨架是小粒径的刚性或半刚性的惰性物质，配体可分为生物特效性配体和基团配体两大类。有生物专一性作用的体系，如抗体-抗原、酶-底物、激素-受体等的任何一方都可以键合在载体上，充当亲和配体，使另一方得以分离。

亲和层析具有高度的选择性、分辨率和优良的载量。图 3-10 说明了亲和层析的基本原理。某些其他分离纯化技术无法纯化或分离非常困难的原料，可以用亲和层析非常容易地进行纯化。

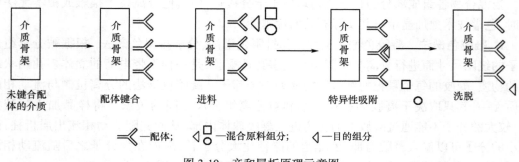

图 3-10 亲和层析原理示意图

3. 离子交换色谱(ion exchange chromatography, IEC) 离子交换色谱是分离和检测蛋

白质的一种重要方法。离子交换色谱是指带电荷物质因电荷力作用而在固定相与流动相之间分配得以相互分离的技术。蛋白质分子和离子交换剂（即固定相）之间的相互作用主要是静电作用，蛋白质分子在一定离子强度和 pH 条件下所带电荷不同，介质表面的可交换离子和与其带相同电荷的蛋白质分子发生交换，利用蛋白质分子交换能力的差别使蛋白质分子混合物得以分离。

　　离子交换剂分为阴离子交换剂和阳离子交换剂两大类。阴离子交换剂的电荷基团为正电，装柱平衡后，与缓冲液中的带负电的平衡离子结合，加入待分离溶液，其中的负电基团可以与平衡离子进行可逆的置换反应，结合到离子交换剂上，而正电基团和中性基团不与离子交换剂结合，随流动相流出而被除去，再选择合适的洗脱液及洗脱方式，如增加离子强度的梯度洗脱，随洗脱液离子强度增加，逐步将离子交换剂上的各种目的负电基团置换出来；阳离子交换剂本身带负电基团，其原理同阴离子交换剂。

　　离子交换剂与各种离子的作用力有强有弱，就是利用这一特性，可以有选择地将溶液中的某些离子交换到离子交换剂上，或将离子交换剂上的某些离子释放到溶液中，从而达到去除杂质、纯化样品的目的。以阴离子交换的基本过程为例，图 3-11 显示了其原理。

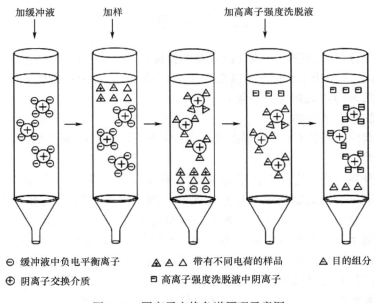

图 3-11　阴离子交换色谱原理示意图

第五节　生物药物制剂的分装

一、常用分装材料

常用的分装材料包括：玻璃容器、高分子材料、塑料、金属材料、纸质材料、复合膜材。

（一）玻璃容器的特点

玻璃包装容器无论是其对药物的保护作用，还是对药剂的适应性都较为理想。例如：具有化学惰性成分，耐水性，耐溶剂性；无透湿性、无透气性及无透药香性；容易洗涤，干燥；透明有光泽；抗拉强度大，不变形；卫生；原料容易得到，且可再生；价格便宜；容易成型；再密封性良好；耐热性、耐腐蚀性强。

（二）玻璃容器的种类

1. 安瓿瓶　水针剂使用的玻璃小容器称为安瓿。目前我国水针剂生产所使用的容器一般都用玻璃安瓿。因为安瓿在灌装后能立即烧融封口，可以做到绝对密封并保证无菌，所以使用广泛。

2. 西林瓶　西林瓶又称硼硅玻璃或钠钙玻璃管制（模制）注射剂瓶，是一种胶塞封口的小瓶子。早期盘尼西林多用其盛装，故名西林瓶。

硼硅材质的西林瓶为市场上的主流产品。其形状为：瓶颈部较细，瓶颈以下粗细一致，瓶口略粗于瓶颈，略细于瓶身。一般用做疫苗、生物制剂、粉针剂等药品的包装。

二、分 装 要 求

在进行模拟分装试验前应完成灭菌系统的验证（包括干热灭菌系统，湿热灭菌系统，甲醛气体熏蒸灭菌）。公用工程验证（包括空气净化系统，注射用水系统）、无菌环境的验证（包括分装区域，环境内无微生物污染）。

分装时要注意以下问题：

（1）分装前应加强核对，防止错批或混批；分装规格或制品颜色相同而品名不同不得在同室同时分装。

（2）全部分装过程中应严格注意无菌操作；制品应尽量采用原容器直接分装（有专门规定者除外），同一容器的制品应当日分装完毕。同一容器的制品，应根据验证结果，规定分装时间，最长不超过24h。不同亚批的制品不得连续使用同一套灌注用具。

（3）液体制品分装于安瓿后应立即熔封；分装于玻璃瓶或塑料瓶的制品，须立即加盖瓶塞并用灭菌铝盖加封。除另有规定外，应采用减压法或其他适宜的方法进行容器检漏。

（4）活疫苗及其他对温度敏感的制品，在分装过程中制品应维持在25℃以下或对制品采取有效的降温措施。分装后的制品应尽快移入2~8℃冷库贮存。（有专门规定者，按有关各论的要求进行。）

（5）含有吸附剂的制品或其他悬液，在分装过程中应保持均匀。

（6）分装所用最终容器及瓶塞，应不影响内容物的生物学效价、澄清度和pH。

（7）制品实际分装量：瓶装制品的实际装量应多于标签标示量，分装100ml者补加4.0ml；分装50ml者补加1.0ml；分装20ml者补加0.60ml；分装10ml者补加0.50ml；分装5ml者补加0.30ml；分装2ml者补加0.15ml；分装1ml者补加0.10ml；分装0.5ml者补加0.10ml。保证每瓶的抽出量不低于标签上所标明的数量。预充式注射器的实际装量应不低于标示量。

三、分装、冻干卡片和记录

分装后的制品要按批号填写分装卡片,注明制品名称、批号、亚批号、规格、分装日期等,并应立即填写分装记录,并有分装、冻干、熔封、加塞、加铝盖等主要工序中直接操作人员及复核人员的签名。

第二部分 生物药物原液质量控制与检测

基因工程药物不同于一般药品,它来源于活的生物体(细菌或细胞),并具有复杂的分子结构,它的生产涉及生物材料和生物学过程,如发酵、细胞培养、分离纯化目的的产物,这些过程有其固有的易变性。另外,基因工程药物的质量控制所使用的生物学活性测定方法与物理化学测定相比变异性较大,加之方法学和检测灵敏度的限制,因此在生产过程中以及对目标终产物的质量监控极其重要。

因此要对原液质量要进行严格控制和检测,来切实保障它的安全性、有效性。主要的检查项有如下几项:

(一)生物学活性

生物学活性指每毫升或每支待测样品中含有的生物学活性单位,U 或 IU 或 AU/ml(支)。

生物活性测定是保证基因工程药物产品有效性的重要手段,所以多肽或蛋白质药物的生物学活性是蛋白质药物的重要质量控制指标。主要测定方法有体外细胞培养测定法、离体动物器官测定法、体内测定法、生化酶促反应测定法、免疫学活性测定法等。

(二)蛋白质含量

药典中蛋白质含量的测定有三种方法:

1. 凯氏定氮法

(1)钨酸沉淀法:本法系通过测定供试品的总氮含量以及经钨酸沉淀去除蛋白的供试品滤液中的非蛋白氮含量,计算出蛋白质的含量。总氮含量依据药典氮测定方法测定,即含氮有机物经硫酸消化后,生成硫酸铵,硫酸铵被氢氧化钠分解释放出氨,后者借水蒸气被蒸馏入硼酸液中生成硼酸铵,最后用强酸滴定,依据强酸消耗量可计算出供试品的氮含量。

(2)三氯乙酸沉淀法:本法系将供试品经三氯乙酸沉淀,通过测定该沉淀中的蛋白氮含量,计算出蛋白质的含量。

2. Lowry 法 本法用于微量蛋白质的含量测定。蛋白质在碱性溶液中可形成铜-蛋白质复合物, 此复合物加入酚试剂后, 产生蓝色化合物, 该蓝色化合物在 650nm 处的吸光度与蛋白质含量成正比,根据供试品的吸光度,计算供试品的蛋白质含量。

3. 双缩脲法 本法系依据蛋白质肽键在碱性溶液中与 Cu^{2+} 形成紫红色络合物,其颜色深浅与蛋白质含量成正比,利用标准蛋白质溶液作对照,采用紫外-可见分光光度法测定供试品蛋白质含量。

（三）比活性

为生物学活性与蛋白质含量之比，每 1mg 蛋白质应不低于 $1.0×10^8$ IU。是重组蛋白质药物的一项重要指标。它不仅是含量指标，也是纯度指标。比活性不符合规定的原液不允许生产制剂。蛋白质的空间结构不能常规测定，而它的改变如二硫键的错误配对，可影响蛋白质的生物学活性，从而影响药物的药效，比活性可以反应这一情况。比活性可反映产品生产工艺的稳定情况，可比较不同表达体系、不同生产厂家生产同一产品时的质量情况。比活性是重组蛋白质药物不同于化药的一种重要指标，也是进行成品分装的重要定量依据。

（四）纯度

纯度分析是基因工程药物质量控制的关键项目。测定蛋白质含量可根据目的蛋白质本身所具有的理化性质和生物学特性来设计。按 WHO 规定必须用 HPLC 和非还原 SDS-PAGE 两种方法测定，其纯度都应达到 95% 以上，有的甚至要求达到 99% 以上。纯度的检测通常在原液中进行。

（五）相对分子质量

蛋白质相对分子质量测定最常用的方法有凝胶过滤法和 SDS-PAGE 法，凝胶过滤法是根据蛋白分子大小和性状进行测定，测定完整的蛋白质相对分子质量；而 SDS-PAGE 法测定的是蛋白质亚基的相对分子质量。同时用这两种方法测定同一蛋白质的相对分子质量，可以方便地判断样品蛋白质是寡蛋白质或聚蛋白质。

（六）外源性 DNA 残留量

药典收录外源性 DNA 残留量测定法共两种方法：

1. DNA 探针杂交法 供试品中的外源性 DNA 经变性为单链后吸附于固相膜上，在一定温度下可与相匹配的单链 DNA 复性而重新结合成为双链 DNA，称为杂交。将特异性单链 DNA 探针标记后，与吸附在固相膜上的供试品单链 DNA 杂交，并使用与标记物相应的显示系统显示杂交结果，与已知含量的阳性 DNA 对照比对后，可测定供试品中外源性 DNA 的含量。

2. 荧光染色法 PicoGreen 是一种高灵敏度双链 DNA 荧光染料。该染料与双链 DNA 特异结合形成复合物，在波长 480nm 激发下产生超强荧光信号，可用荧光酶标仪在波长 520nm 处进行检测，在一定的 DNA 浓度范围内以及在该荧光染料过量的情况下，荧光强度与 DNA 浓度成正比，根据供试品的荧光强度，计算供试品中的 DNA 残留量。

（七）等电点

重组蛋白质药物的等电点往往是不均一的，但在生产过程中，批与批之间的电泳结果应该一致，以说明其生产工艺的稳定性。常用测定原液等电点方法有等电聚焦电泳法（IEF）和毛细管电泳法。

（八）肽图

本法是通过蛋白酶或化学物质裂解蛋白质后，采用 SDS-PAGE 电泳法、高效液相色谱法、毛细管电泳法及质谱法等分析方法鉴定蛋白质一级结构的完整性和准确性。肽图分析可作为制品与标准品作为精密比较的手段,与氨基酸成分和序列分析结果合并,作为蛋白质的精确鉴别。该技术灵敏高效的特点使其成为对基因工程药物的分子结构和遗传稳定性进行评价和验证的首选方法。

(九) N-末端氨基酸序列

该项是重组蛋白质的重要鉴别指标。药典规定,用氨基酸序列分析仪测定。

(十) 鉴别试验

利用免疫印迹、免疫电泳、免疫扩散等免疫学方法,确定蛋白质的抗原性。重组蛋白质产品通常用免疫迹记和点免疫进行鉴定。特别当电泳出现两条或两条以上区带时则应该用免疫印迹进行鉴定。

(十一) 残余杂质检测

残余杂质可能具有毒性,引起安全性问题,可能影响产品的生物学活性和药理作用,或使产品变质。因此要对残余杂质进行限制。常检测的内容包括宿主细胞蛋白含量、宿主细胞 DNA、小牛血清残留量、残余抗生素、内毒素含量等。对宿主蛋白含量常用双夹心 ELISA 法测定。宿主细胞 DNA 常用 DNA 杂交实验测定。

(十二) 细菌内毒素检查

本法系利用鲎试剂来检测或量化由革兰阴性菌产生的细菌内毒素,以判断供试品中细菌内毒素的限量是否符合规定的一种方法。

细菌内毒素检查包括两种方法,即凝胶法和光度测定法。供试品检测时,可使用其中任何一种方法进行试验。当测定结果有争议时,除另有规定外,以凝胶法结果为准。

第三部分　生物药物制剂稳定性

第一节　生物药物的不稳定性因素及解决方法

一、药物稳定性的意义及内容

(一) 研究药物制剂稳定性的意义

药物制剂稳定性是指药物制剂从制备到使用期间保持稳定的程度,通常指药物制剂的体外稳定性。药物制剂的最基本的要求是安全、有效、稳定。药物制剂在生产、贮存、使用过程中,会因各种因素的影响发生分解变质,从而导致药物疗效降低或副作用增加,有些药物甚至产生有毒物质,也可能造成较大的经济损失。通过对药物制剂稳定性的研究,考察影响药物制剂稳定性的因素及增加稳定性的各种措施、预测药物制剂的有效期,从而既能保证制剂产品的质量,又可减少由于制剂不稳定而导致的经济损失;此外,为了科学地进行处方设计,提高制剂质量,保证用药的安全、有效,我国在《药品注册管理办法》中对新药的稳定性也极为重视,规定新药申请必须呈报稳定性资料。

(二) 研究内容

1. 处方前　　了解原料药物的稳定性和药物与辅料可能发生的配伍禁忌。对有效期短的原料药,应特别加强对稳定性的考察,增加检验频次。稳定性考察样品的包装方式和包装材质应当与上市产品相同或相仿。

2. 制剂工艺　　不同的制备方法对制剂稳定性的影响。

3. 产品包装与储运　　有效期的确定。

二、与药物稳定性有关的化学动力学基础

20 世纪 50 年代初期 Higuchi 等用化学动力学的原理来评价药物的稳定性。研究药物降解的速度,首先遇到的问题是浓度对反应速度的影响。反应级数是用来阐明反应物浓度与反应速度之间的关系。反应级数有零级、一级、伪一级及二级反应;此外,还有分数级反应。在药物制剂的各类降解反应中,尽管有些药物的降解反应机制十分复杂,但多数药物及其制剂可按零级、一级、伪一级反应处理。

零级、一级、伪一级反应速度方程的积分式分别为:

$$C = -k_t + C_0 (零级反应)$$

$$\log C = -\frac{k_t}{2.303} + \log C_0 (一级反应)$$

$$\frac{1}{C} = kt + \frac{1}{C_0} (二级反应,二种反应物的初浓度相等)$$

式中,C_0 为 $t = 0$ 时反应物浓度,C 为 t 时反应物的浓度,k 为速度常数。在药物降解反应中,常用降解 10% 所需的时间(即 $t_{0.9}$)来衡量药物降解的速度,对零级反应

对一级反应

$$t_{0.9} = \frac{0.1 C_0}{k}$$

$$t_{0.9} = \frac{0.1054}{k}$$

这些公式在预测药物稳定性时经常使用,从上述基本公式也可导出反应半衰期的公式,如一级反应

$$t_{1/2} = \frac{0.693}{k}$$

三、生物药物制剂中药物的不稳定性因素及解决方法

(一) 定义

生物药物的稳定性是指生物药物抵抗各种因素的影响,保持其生物活力的能力。

（二）不稳定因素

1. 温度 除一些特殊的嗜热蛋白，绝大多数蛋白质在低温时更容易保持稳定。故长期保存蛋白质需要超低温（-80℃）冻存，或者液氮抽滤成冻干粉。

2. pH 过酸或者过碱的 pH 环境容易导致蛋白质变性沉淀，而过于接近蛋白质等电点的 pH 环境也容易造成蛋白质不稳定。

3. 盐浓度 不同的蛋白质有不同的亲、疏水性，也就是说有些蛋白质在较低的盐浓度时比较稳定，有些则相反。

4. 化学试剂 一些化学试剂如重金属盐、尿素、乙醇、盐酸胍等会破坏蛋白质结构，造成蛋白质不稳定。

5. 物理因素 剧烈搅拌或者震荡形成的剪切力，加压造成的内部肽键断裂都会造成蛋白质的不稳定。

6. 紫外线 应注意蛋白质溶液的避光尤其是避免日光的直接照射。光氧化会造成蛋白质的变性或失活。强烈的紫外线和离子辐射都会导致键的断裂，影响蛋白质的稳定性。

7. 微生物污染 空气中的微生物因为蛋白溶液有较高的营养而更容易生长繁殖，故需注意蛋白质溶液的密封性，以抑制微生物尤其是细菌的生长。

（三）解决方法

1. 金属离子、底物、辅因子和其他低分子量配体的结合作用 金属离子由于结合到多肽链的不稳定部分（特别是弯曲处），因而可以显著增加生物药物的稳定性。当酶与底物、辅因子和其他低分子量配体相互作用时，也会增加生物药物稳定性。

2. 蛋白质-蛋白质和蛋白质-脂的作用 在体内，蛋白质常与脂类或多糖相互作用，形成复合物，从而显著增加蛋白质稳定性。

当蛋白质形成复合物时，脂分子或蛋白质分子稳定到疏水簇上，因而防止疏水簇与溶剂的接触，屏蔽了蛋白质表面的疏水区域，从而显著增加蛋白质稳定性。

3. 盐桥 蛋白质中盐桥的数目较少，但对蛋白质稳定性贡献很显著。嗜热脱氢酶亚基间区域有盐桥协作系统，这是嗜温脱氢酶没有的。因此嗜热脱氢酶的催化活力的变性温度和最适温度都比嗜温脱氢酶高出约 20℃。

4. 二硫键 大分子的分子内交联可增强其坚实性，并提高其在溶液中的稳定性。

5. 对氧化修饰敏感的氨基酸含量较低 结构上重要的氨基酸残基（如活性部位氨基酸）的氧化作用是蛋白质失活的最常见机制之一。半胱氨酸的巯基和色氨酸的吲哚环，对氧化特别敏感，因此，这些不稳定氨基酸的数目，在高度稳定的嗜热蛋白质中比在相应的嗜温蛋白质中显著偏低。

6. 氨基酸残基的坚实装配 蛋白质结构中存在空隙，这些空隙通常为水分子所充满。分子量为 2 万~3 万的蛋白质中约有 5~15 个水分子。由于布朗运动调节的极性水分子与球体疏水核的接触会导致蛋白质不稳定。随着水分子从空隙中除去，蛋白质结构变得更坚实，蛋白质的稳定性增加。

7. 疏水相互作用 带有非极性侧链的氨基酸大约占蛋白质总体积的一半。非极性部分不与水接触，并尽可能隐藏在蛋白质球体内部，这样会增加蛋白质稳定性。

第二节　生物药物制剂的稳定性试验方法和要求

一、稳定性试验的基本要求

稳定性试验的目的是考察原料药或药物制剂在温度、湿度、光线的影响下随时间变化的规律,为药品的生产、包装、贮存、运输条件提供科学依据,同时通过试验建立药品的有效期。稳定性试验的基本要求是:

(1) 稳定性试验包括影响因素试验、加速试验与长期试验。

影响因素试验用 1 批原料药或 1 批制剂进行。加速试验与长期试验要求用 3 批供试品进行。

(2) 原料药供试品应是一定规模生产的,供试品量相当于制剂稳定性试验所要求的批量,原料合成工艺路线、方法、步骤应与大生产一致。药物制剂供试品应是放大试验的产品,其处方与工艺应与大生产一致。药物制剂如片剂、胶囊剂,每批放大试验的规模,片剂至少应为 10 000 片,胶囊剂至少应为 10 000 粒。大体积包装的制剂如静脉输液等,每批放大规模的数量至少应为各项试验所需总量的 10 倍。特殊品种、特殊剂型所需数量,根据情况另定。

(3) 供试品的质量标准应与临床前研究及临床试验和规模生产所使用的供试品质量标准一致。

(4) 加速试验与长期试验所用供试品的包装应与上市产品一致。

(5) 研究药物稳定性,要采用专属性强、准确、精密、灵敏的药物分析方法与有关物质(含降解产物及其他变化所生成的产物)的检查方法,并对方法进行验证,以保证药物稳定性试验结果的可靠性。在稳定性试验中,应重视降解产物的检查。

(6) 由于放大试验比规模生产的数量要小,故申报者应承诺在获得批准后,从放大试验转入规模生产时,对最初通过生产验证的 3 批规模生产的产品仍需进行加速试验与长期稳定性试验。

二、原料药和药物制剂稳定性试验

(一) 原料药

原料药要进行以下试验。

1. 影响因素试验　此项试验是在比加速试验更激烈的条件下进行。其目的是探讨药物的固有稳定性、了解影响其稳定性的因素及可能的降解途径与降解产物,为制剂生产工艺、包装、贮存条件和建立降解产物分析方法提供科学依据。供试品可以用 1 批原料药进行,将供试品置适宜的开口容器中(如称量瓶或培养皿),摊成≤5mm 厚的薄层,疏松原料药摊成≤10mm 厚的薄层,进行以下试验。当试验结果发现降解产物有明显的变化,应考虑其潜在的危害性,必要时应对降解产物进行定性或定量分析。

(1) 高温试验:供试品开口置适宜的洁净容器中,60℃温度下放置 10 天,于第 5 天和第 10 天取样,按稳定性重点考察项目进行检测。若供试品含量低于规定限度则在 40℃条件下同法进行试验。若 60℃ 无明显变化，不再进行 40℃ 试验。

（2）高湿度试验：供试品开口置恒湿密闭容器中，在 25℃ 分别于相对湿度 90%±5% 条件下放置 10 天，于第 5 天和第 10 天取样，按稳定性重点考察项目要求检测，同时准确称量试验前后供试品的重量，以考察供试品的吸湿潮解性能。若吸湿增重 5% 以上，其他考察项目符合要求，则不再进行此项试验。恒湿条件可在密闭容器如干燥器下部放置饱和盐溶液，根据不同相对湿度的要求，可以选择 NaCl 饱和溶液（相对湿度 75%±1%，15.5~60℃），KNO_3 饱和溶液（相对湿度 92.5%，25℃）。

（3）强光照射试验：供试品开口放在装有日光灯的光照箱或其他适宜的光照装置内，于照度为 4500lx±500lx 的条件下放置 10 天，于第 5 天和第 10 天取样，按稳定性重点考察项目进行检测，特别要注意供试品的外观变化。

关于光照装置，建议采用定型设备"可调光照箱"，也可用光橱，在箱中安装日光灯数支使达到规定照度。箱中供试品台高度可以调节，箱上方安装抽风机以排除可能产生的热量，箱上配有照度计，可随时监测箱内照度，光照箱应不受自然光的干扰，并保持照度恒定，同时防止尘埃进入光照箱内。

此外，根据药物的性质必要时可设计试验，探讨 pH 与氧及其他条件对药物稳定性的影响，并研究分解产物的分析方法。创新药物应对分解产物的性质进行必要的分析。

2. 加速试验　此项试验是在加速条件下进行。其目的是通过加速药物的化学或物理变化，探讨药物的稳定性，为制剂设计、包装、运输、贮存提供必要的资料。供试品要求 3 批，按市售包装，在温度 40℃±2℃、相对湿度 75%±5% 的条件下放置 6 个月。所用设备应能控制温度±2℃、相对湿度±5%，并能对真实温度与湿度进行监测。在试验期间第 1 个月、2 个月、3 个月、6 个月末分别取样一次，按稳定性重点考察项目检测。在上述条件下，如 6 个月内供试品经检测不符合制定的质量标准，则应在中间条件下即在温度 30℃±2℃、相对湿度 65%±5% 的情况下（可用 Na_2CrO_4 饱和溶液，30℃，相对湿度 64.8%）进行加速试验，时间仍为 6 个月。加速试验，建议采用隔水式电热恒温培养箱（20~60℃）。箱内放置具有一定相对湿度饱和盐溶液的干燥器，设备应能控制所需温度，且设备内各部分温度应该均匀，并适合长期使用。也可采用恒湿恒温箱或其他适宜设备。

对温度特别敏感的药物，预计只能在冰箱中（4~8℃）保存，此种药物的加速试验，可在温度 25℃±2℃、相对湿度 60%±10% 的条件下进行，时间为 6 个月。

3. 长期试验　长期试验是在接近药物的实际贮存条件下进行，其目的是为制定药物的有效期提供依据。供试品 3 批，市售包装，在温度 25℃±2℃、相对湿度 60%±10% 的条件下放置 12 个月，或在温度 30℃±2℃、相对湿度 65%±5% 的条件下放置 12 个月，这是从我国南方与北方气候的差异考虑的，至于上述两种条件选择哪一种由研究者确定。每 3 个月取样一次，分别于 0 个月、3 个月、6 个月、9 个月、12 个月取样按稳定性重点考察项目进行检测。12 个月以后，仍需继续考察，分别于 18 个月、24 个月、36 个月，取样进行检测。将结果与 0 个月比较，以确定药物的有效期。由于实验数据的分散性，一般应按 95% 可信限进行统计分析，得出合理的有效期。如 3 批统计分析结果差别较小，则取其平均值为有效期，若差别较大则取其最短的为有效期。如果数据表明，测定结果变化很小，说明药物具有稳定性，则不作统计分析。

对温度特别敏感的药物，长期试验可在温度 6℃±2℃ 的条件下放置 12 个月，按上述时间要求进行检测，12 个月以后，仍需按规定继续考察，制订在低温贮存条件下的有效期。长期试验采用的温度为 25℃±2℃、相对湿度 60%±10% 的条件下,或温度 30℃±2℃、相对湿度 65%±5% 的条件下,是根据国际气候带制订的。原料药进行加速试验与长期试验所用包装应采用模拟小桶,但所用材料与封装条件应与大桶一致。

(二) 药物制剂

药物制剂稳定性研究,首先应查阅原料药稳定性有关资料,特别了解温度、湿度、光线对原料药稳定性的影响,并在处方筛选与工艺设计过程中,根据主药与辅料性质,参考原料药的试验方法,进行影响因素试验、加速试验与长期试验。

1. 影响因素试验 药物制剂进行此项试验的目的是考察制剂处方的合理性与生产工艺及包装条件。供试品用 1 批进行,将供试品如片剂、胶囊剂、注射剂(注射用无菌粉末如为西林瓶装,不能打开瓶盖,以保持严封的完整性),除去外包装,置适宜的开口容器中,进行高温试验、高湿度试验与强光照射试验,试验条件、方法、取样时间与原料药相同。

2. 加速试验 此项试验是在加速条件下进行,其目的是通过加速药物制剂的化学或物理变化,探讨药物制剂的稳定性,为处方设计、工艺改进、质量研究、包装改进、运输、贮存提供必要的资料。供试品要求 3 批,按市售包装,在温度 40℃±2℃、相对湿度 75%±5% 的条件下放置 6 个月。所用设备应能控制温度 ±2℃、相对湿度 ±5%,并能对真实温度与湿度进行监测。在试验期间第 1 个月、2 个月、3 个月、6 个月末分别取样一次,按稳定性重点考察项目检测。在上述条件下,如 6 个月内供试品经检测不符合制订的质量标准,则应在中间条件下即在温度 30℃±2℃、相对湿度 65%±5% 的情况下进行加速试验,时间仍为 6 个月。溶液剂、混悬剂、乳剂、注射液等含有水性介质的制剂可不要求相对湿度。试验所用设备与原料药相同。

对温度特别敏感的药物制剂,预计只能在冰箱(4~8℃)内保存使用,此类药物制剂的加速试验,可在温度 25℃±2℃、相对湿度 60%±10% 的条件下进行,时间为 6 个月。乳剂、混悬剂、软膏剂、乳膏剂、糊剂、凝胶剂、眼膏剂、栓剂、气雾剂、泡腾片及泡腾颗粒宜直接采用温度 30℃±2℃、相对湿度 65%±5% 的条件进行试验,其他要求与上述相同。

对于包装在半透性容器中的药物制剂,例如低密度聚乙烯制备的输液袋、塑料安瓿、眼用制剂容器等,则应在温度 40℃±2℃、相对湿度 25%±5% 的条件(可用 $CH_3COOK \cdot 1.5H_2O$ 饱和溶液)进行试验。

3. 长期试验 长期试验是在接近药品的实际贮存条件下进行,其目的是为制订药品的有效期提供依据。供试品 3 批,市售包装,在温度 25℃±2℃、相对湿度 60%±10% 的条件下放置 12 个月,或在温度 30℃±2℃、相对湿度 65%±5% 的条件下放置 12 个月,这是从我国南方与北方气候的差异考虑的,至于上述两种条件选择哪一种由研究者确定。每 3 个月取样一次,分别于 0 个月、3 个月、6 个月、9 个月、12 个月取样,按稳定性重点考察项目进行检测。12 个月以后,仍需继续考察,分别于 18 个月、24 个月、36 个月取样进行检测。将结果与 0 个月比较以确定药品的有效期。由于实测数据的分散性,一般应按 95% 可信限进行统计分析,得出合理的有效期。如 3 批统计分析结果差别较小,则取其平均值为有效期限。若差别较大,则取其最短的为有效期。数据表明很稳定的药品,不作统计分析。

对温度特别敏感的药品,长期试验可在温度 6℃±2℃ 条件下放置 12 个月。按上述时间要求进行检测,12 个月以后,仍需按规定继续考察,制订在低温贮存条件下的有效期。

对于包装在半透性容器中的药物制剂,则应在温度 25℃±2℃、相对湿度 40%±5%,或

30℃±2℃、相对湿度35%±5%的条件进行试验,至于上述两种条件选择哪一种由研究者确定。

第四部分　灭菌、无菌技术与空气净化技术

第一节　灭菌和无菌操作概述

一、灭　　菌

1. 灭菌　是指采用适当的物理或化学方法杀灭或除去物体上或物品中活的微生物(包括繁殖体和芽胞)的过程。

2. 灭菌法　系指用适当的物理或化学手段将物品中活的微生物杀灭或除去,从而使物品残存活微生物的概率下降至预期的无菌保证水平的方法。本法适用于制剂、原料、辅料及医疗器械等物品的灭菌。

3. 灭菌制剂　系指采用某一物理、化学方法杀灭或除去所有活的微生物繁殖体和芽胞的一类药物制剂。

4. 无菌物品　是指物品中不含任何活的微生物。对于任何一批灭菌物品而言,绝对无菌既无法保证也无法用试验来证实。一批物品的无菌特性只能相对地通过物品中活微生物的概率低至某个可接受的水平来表述,即无菌保证水平(sterility assurance level,SAL)。实际生产过程中,灭菌是指将物品中污染微生物的概率下降至预期的无菌保证水平。最终灭菌的物品微生物存活概率,即无菌保证水平不得高于10^{-6}。

微生物包括细菌、真菌、病毒等,因微生物的种类不同,灭菌的效果也不同。细菌的芽胞具有较强的抗热能力,为证明采用灭菌方法有效,产品须经无菌检查,灭菌效果常以杀灭芽胞为标准。

药品制备过程中,根据不同需要,需对药品原料、辅料、药品半成品、成品以及制备用器械等进行灭菌。应用的物品灭菌要采用适当的灭菌方法达到无菌保证水平;而当灭菌的对象是药物制剂时,因许多药物不耐高温,因此制剂中不但要求达到灭菌完全,而且要保证药物的稳定性,在灭菌过程中药剂的理化性质和治疗作用不受影响。

二、无　菌　操　作

1. 无菌　是指在任意指定物体、介质或环境中,不得存在任何活的微生物。

2. 无菌操作　是防止微生物污染的操作技术。是指在整个操作过程中利用或控制一定条件,尽量使产品避免被微生物污染的一种操作方法。

3. 无菌操作法　不是一个灭菌的过程,只能保持原有的无菌度。适用于一些因加热灭菌不稳定的制剂,如注射用粉针、生物制剂、抗生素等。

该法适合于一些不耐热药物的灭菌,如注射剂、眼用制剂、皮试液、创伤剂、生物制剂、抗生素等的制备过程的灭菌。这些制剂加热灭菌后,会发生变质、变色或含量降低的情况,因此需采用无菌操作法,在生产过程中采用避菌操作(尽量避免微生物污染),保证终产物的无菌。它所用的一切用具、辅助材料、药物、溶剂、赋形剂以及环境等均必须事先灭菌,并

且操作必须在无菌操作室(橱)内进行。按无菌操作法制备的产品,一般不再灭菌。对特殊(耐热)品种亦可进行再灭菌(如青霉素 G 等)。

三、灭菌和无菌操作的意义

杀灭或除去所有微生物繁殖体和芽胞,最大限度地提高药物制剂的安全性,保护制剂的稳定性,保证制剂的临床疗效。因此,研究、选择有效的灭菌方法,对保证产品质量具有重要意义。

随着药品(特别是无菌制剂)的安全性受到越来越广泛的关注,无菌制剂的生产过程也受到药品监管机构越来越严格的管理,无菌制剂的灭菌无菌操作及除菌过滤等关键生产步骤被逐渐放大置于最大强度和频度的监管中,而这确实也是无菌制剂的关键控制点。

第二节 主要灭菌方法

灭菌方法一般可分为物理灭菌法、化学灭菌法两大类。如图 3-12 所示:

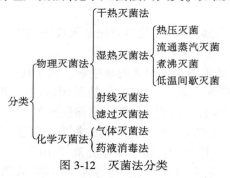

图 3-12 灭菌法分类

可根据被灭菌物品的特性采用一种或多种方法组合灭菌。只要物品允许,应尽可能选用最终灭菌法灭菌。若物品不适合采用最终灭菌法,可选用过滤除菌法或无菌生产工艺达到无菌保证要求,只要可能,应对非最终灭菌的物品作补充性灭菌处理(如流通蒸汽灭菌)。

一、物理灭菌法

是利用高温或其他方法,如过滤除菌、紫外线等,杀死微生物的方法,加热可使微生物的蛋白质凝固变性,导致死亡。

(一) 干热灭菌法

本法系指将物品置于干热灭菌柜、隧道灭菌器等设备中,利用干热空气达到杀灭微生物或消除热原物质的方法。适用于耐高温但不宜用湿热灭菌法灭菌物品的灭菌,如玻璃器具、金属制容器、纤维制品、固体试药、液状石蜡等均可采用本法灭菌。

(二) 湿热灭菌法

本法系指将物品置于灭菌柜内利用高压饱和蒸汽、过热水喷淋等手段使微生物菌体中的蛋白质、核酸发生变性而杀灭微生物的方法。该法灭菌能力强,为热力灭菌中最有效、应用最广泛的灭菌方法。药品、容器、培养基、无菌衣、胶塞以及其他遇高温和潮湿不发生变化或损坏的物品,均可采用本法灭菌。流通蒸汽不能有效杀灭细菌孢子,一般可作为不耐热无菌产品的辅助灭菌手段。

（三）射线灭菌法

1. 辐射灭菌法　本法系指将灭菌物品置于适宜放射源辐射的 γ 射线或适宜的电子加速器发生的电子束中进行电离辐射而达到杀灭微生物的方法。本法最常用的为 ^{60}Co-γ 射线辐射灭菌。医疗器械、容器、生产辅助用品、不受辐射破坏的原料药及成品等均可用本法灭菌。

2. 紫外线灭菌法　系指用波长为 200～300nm 的紫外线照射杀灭微生物和芽胞的方法。灭菌力最强的波长为 254nm。紫外线能促使核酸蛋白变性,且能使空气中氧气产生微量臭氧而起到共同杀菌作用。紫外线穿透力较弱,仅限于在被照物表面作用,因此本法仅限于被照射物表面的灭菌、无菌室的空气及蒸馏水的灭菌;不适合于药液的灭菌及固体物料深部的灭菌。

3. 微波灭菌法　利用微波(频率为 300MHz 至 300kMHz 的电磁波)照射产生的热能杀灭微生物和芽胞的方法。该法省时、高效,适合液态和固体物料的灭菌,且对固体物料具有干燥作用。

（四）过滤除菌法

本法系利用细菌不能通过致密具孔滤材的原理以除去气体或液体中微生物的方法。常用于气体、热不稳定的药品溶液或原料的除菌。本法适用于气体、热不稳定的药物溶液或原料的灭菌。

二、化学灭菌法

化学灭菌法是用化学药品直接作用于微生物而将其杀死的方法。化学杀菌剂不能杀死芽胞,仅对繁殖体有效。其目的在于减少微生物的数目,以控制无菌操作法的进行。其效果依赖于微生物种类及数目、物体表面的光滑度或多孔性以及杀菌剂的性质。

1. 气体灭菌法　本法系指用化学药品形成的气体杀灭微生物的方法。常用的气体灭菌剂为环氧乙烷、气态过氧化氢、甲醛、臭氧(O_3)等,其是通过与细胞内的大分子起化学反应而破坏和消除蛋白的活性而使微生物死亡,达到灭菌目的。本法适用于在气体中稳定的物品灭菌。

2. 药液灭菌法　是利用药液杀灭微生物的方法。常用的有 0.1%～0.2% 苯扎溴铵溶液、2.0% 左右的酚或煤酚皂溶液、75.0% 乙醇溶液等。该法常应用于其他灭菌法的辅助措施,即手指、无菌设备和其他器具的消毒等。

三、适用于生物药物的灭菌方法

生物药物包括生物体的初级和次级代谢产物或生物体的某一组成部分,其主要的灭菌方法为过滤除菌法。

1. 原理　本法原理是细菌不能通过致密具孔滤材,因此可以除去气体或液体中微生物。过滤除菌所用的器具是含有微小孔径的滤菌器(filter)。常用的滤菌器有薄膜滤菌器(0.45μm 和 0.22μm 孔径)、陶瓷滤菌器、石棉滤菌器(即 Seitz 滤菌器)、烧结玻璃滤菌器等。

2. 适用范围　因血清、毒素、抗生素等生物制品不耐热,用高温方法灭菌会破坏其性质,因此需要用过滤除菌法灭菌,该法还适用于空气的除菌。

四、灭菌方法的选择

对于一些药物制品如水基溶液制品,非水液体、半固体或干粉剂的灭菌方法的决定,可参照图 3-13,图 3-14。

1. 水基溶液制品

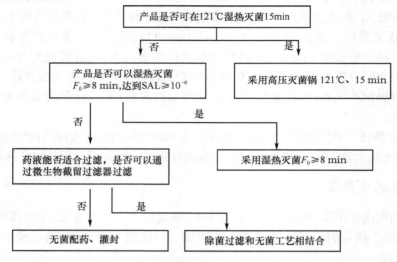

图 3-13　水基溶液制品灭菌方法的选择

2. 非水液体、半固体或干粉剂

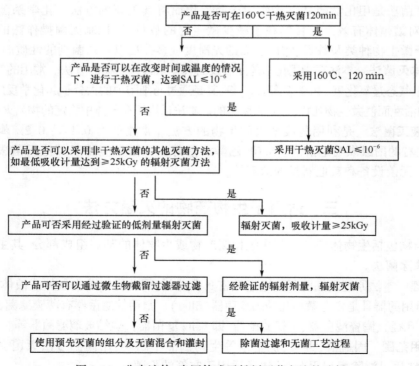

图 3-14　非水液体、半固体或干粉剂灭菌方法的选择

第五部分 生物药物制剂辅料

一、定 义

药用辅料是指生产药品和调配处方时所用的赋形剂和附加剂,是药品的重要组成部分。在药品中除了赋形、充当载体、提高稳定性外,还具有增溶、助溶、缓控释等重要功能,使产品能够达到一定的保质期和生物利用度。

小分子药物和生物药物中的辅料所承担的作用有很大差别。在小分子药物中,辅料的主要作用是可以帮助制剂成型,例如,帮助压缩或者充当润滑剂、崩解剂、填充剂或助滑剂。而在生物药物(如蛋白质、多肽和疫苗)中,加入辅料的目的是帮助药物保持稳定、安全,同时能够保证其生物学活性不降低。

二、常用生物药物制剂辅料

生物药物制剂制备过程中的常用辅料包括防腐剂、佐剂、保护剂、助溶剂、赋形剂和矫味剂等。本节简要介绍几种生物药物制剂常用的辅料。

1. 防腐剂 生物药物制剂在生产、运输及保存过程中容易受到外源微生物的污染,而产品的无菌检查是采用抽验方式进行,无法完全保证无外源微生物污染,从而可能会影响药品质量。因此制剂中加入适宜的防腐剂以抑制微生物的生长和繁殖十分必要。目前常用的防腐剂有硫柳汞、甲醛、苯酚、间甲酚。

2. 免疫佐剂 可以增强抗原特异性免疫应答的物质称为佐剂。佐剂能明显增强多糖或多肽等抗原性微弱的物质诱导机体产生特异性免疫应答,而自身并无免疫原性,不能引起免疫应答反应,即用最少量的抗原和最少的接种次数刺激机体,产生足够的免疫应答和高滴度抗体,在血液或黏膜表面能维持较长时间,发挥持久效果。目前常用的免疫佐剂有:铝盐佐剂,其是目前唯一应用于临床的免疫佐剂;油佐剂,其是广泛用于动物灭活疫苗中的佐剂之一,常用的有弗氏佐剂等;微生物佐剂,最常用的微生物佐剂之一为卡介苗。

3. 保护剂 冷冻干燥技术是目前用于保持微生物、动物组织、细胞及蛋白质等物质生物活性的普遍方法,但冻干过程不可避免地会造成部分微生物细胞的损伤、死亡及一些蛋白质的钝化,因此需要添加冻干保护剂防止此种破坏。保护剂可以改变生物样品在冻干时的物理化学环境,减轻细胞的损伤,尽可能保持原有的生物活性,提高蛋白质及细胞的稳定性。常用的保护剂有甘油、葡萄糖、乙酰色氨酸、山梨醇、蛋白质等。明胶,就是生物药物中常用的一种保护剂,其具有胶冻力、亲和性、高度分散性、低黏度特性、分散稳定性、持水性等特性,利用这些特性,明胶在医药上常常用于制作胶囊及疫苗、蛋白质类药物的稳定剂。

4. 赋形剂 赋形剂在药品中用于使药品成型,改变药物的物理状态,起到支架作用。目前用于生物制品中的赋形剂主要为糖类等大分子物质。

第四章　注射给药系统

第一节　注射剂简介

一、概　　述

生物制品是指用基因工程、细胞工程、发酵工程等生物学技术制成的免疫制剂或有生物活性的制剂。可用于疾病的预防、诊断和治疗。生物制品不同于一般医用药品，它是通过刺激机体免疫系统，产生免疫物质(如抗体)从而发挥其功效。在我国，生物制品主要包括蛋白质类、多肽类、酶类、多糖类等药品以及血清、疫苗、抗毒素等。生物技术药物有着巨大的市场前景，但其在研发过程中一个重要的瓶颈是剂型问题。生物技术药物一般在口服后易被胃酸和消化道酶降解破坏，未被破坏的药物又由于分子量大、水溶性强，而难以吸收，使得大部分生物技术药物无法口服应用。目前，大部分生物技术药物采用注射液或冻干粉针形式给药，由于其在体内半衰期很短，需要长期频繁注射给药，治疗成本高。因此随着给药频率变慢、成本降低的注射用缓释制剂越来越被重视，微球、微囊、脂质体、纳米粒等越来越多的新型药物载体在生物药物注射给药系统中被开发出来，这些新剂型的给药频率显著减少，患者的接受程度大大提高。另外，它们还消除了普通注射剂多次给药产生的体内药物浓度峰谷现象，可获得长时间平稳的有效浓度，降低了毒副作用，并且减少了总给药剂量。

注射剂(Injection)系指药材经提取、纯化后制成的供注入体内的溶液、乳状液及供临用前配制成溶液的无菌粉末。注射剂可分为注射液和注射用无菌粉末。

二、注射剂的特点

注射剂的出现比较晚，仅有一百多年的历史，但是，由于注射剂可以从皮内、皮下、肌肉等部位注射给药，为很多药物发挥药效开辟了新途径。到目前为止，注射剂在全世界已发展成为一种普遍应用的大剂型，在生物制品中也尤为常见。注射剂具有它独特的优点，当然亦有不足之处。

(一) 注射剂优点

(1) 作用迅速可靠，其药液直接注入组织或血管，无吸收过程或吸收过程很短，因而血液浓度可迅速到达高峰，发挥作用。又因其不经过消化道，不受 pH、酶、食物等影响，无首过效应，药物含量不易损失，因此疗效可靠，可用于抢救危急病人。

(2) 适用于不宜口服的药物，易被消化液破坏的药物或首过效应显著的药物以及口服后不易吸收或对消化道刺激性较大的药物，均可设计制成注射剂。

(3) 适用于不能口服药物的病人，如昏迷或不能吞咽的病人。

(4) 可发挥局部定位的作用，如局麻药的使用和造影剂的局部造影。

（二）注射剂缺点

1. 研制和生产过程复杂　由于注射剂要求无菌无热原，所以生产过程需要严格把关，步骤较多，需要较高的设备条件，而且注射剂中药物一般均以分子状态或微米级的固体小粒子或油滴分散在水中，分散度很大，且要经过高温灭菌，因此往往产生药物水解、氧化、固体粒子聚结变大或油滴合并破裂等稳定性问题，必须采取相应的措施予以解决，贮存过程中也比固体制剂稳定性差。

2. 安全性及机体适用性差　由于注射剂直接迅速进入人体，无法得到无人体正常生理屏障的保护，因此若剂量不当或注射过快，或药品质量存在问题，均有可能给患者带来危害，甚至造成无法挽回的后果。此外注射时的疼痛、患者不能给自己注射药物、注射局部产生硬结以及静脉注射引起血管炎症都是临床应用时存在的问题。

第二节　生物药物注射剂的制备流程

一、生物药物注射剂制备技术

（一）真空冷冻干燥技术

真空冷冻干燥是一种现代化的高新干燥技术，是真空技术、制冷技术和干燥技术的结合，是一门跨越多个学科领域的交叉科学。由于在低温及真空状态下完成对产品的脱水干燥，而成为医学生物制品中首选的干燥保存方法。据不完全统计，90%的生物制品生产中需要用到真空冷冻干燥技术，如市售的干扰素 α-2b 长效注射微球；重组人白介素-2 等药物。目前主要用于血清、血浆、疫苗、酶、抗生素、激素等药品的生产，生物化学的检查药品、免疫学及细菌学的检查药品，长期保存血液、细菌、动脉、骨骼、皮肤、角膜、神经组织及各种器官等。

1. 冷冻干燥技术原理　真空冷冻干燥是一个稳定化的物质干燥过程，是将含有大量水分的物料，预先进行降温冻结成固态，并在真空的条件下而后使其中的水分从固态直接升华变成气态排出，以除去水分向保存物质的方法。

2. 冷冻干燥技术特点　与其他干燥方法（如喷雾干燥、热风烘干、蒸发、微波干燥、远红外线烘干等）相比，药品真空冷冻干燥法具有较大的优越性：

（1）药液在冻结前分装，能够保证其剂量准确。

（2）在低温、真空状态下完成了整个的干燥过程，能够保持生物活性，尤其对于热敏和易氧化的物料。

（3）冻结时干燥的药品形成"骨架"，干燥后能保持原形而使药品体积几乎不变。

（4）冻干药品呈海绵状疏松多孔，复水性较好，可迅速吸水还原成冻干前的状态。

（5）药品脱水很彻底，能够长期的保存。

3. 真空冷冻干燥技术流程

（1）预冻阶段：预冻首先要把原料进行冻结，使物料温度迅速降至其共晶点之下，共晶点就是其内部不同的成分同时冻结的温度。冻结温度的高低及冻结速度是预冻阶段重要控制的因素，温度要达到物料的冻结点以下，不同的物料其冻结点各不相同。冻结速度的快慢会直接影响物料中冰晶颗粒的大小,而冰晶颗粒的大小对固态物料的结构及其升华速率有直接关联。一般要求在 1~3h 完成物料的冻结并且进入升华阶段。

(2)升华阶段:升华干燥是冷冻干燥的主要过程,目的是使物料中的冰通过升华逸出,在整个的过程中不允许冰出现溶化。升华的两个个基本条件:第一点是保证冰不溶化;第二点是冰周围的水蒸气压要低于物料冻结点的饱和蒸汽压。升华干燥一方面要不断移走水蒸气,使其压力低于要求的饱和蒸汽压,另一方面为了干燥速度的提升,要不断地提供升华所需的热量,这便要求对水蒸气压和供热温度进行最优化的控制,以保证能快速、低能耗完成升华干燥。升华阶段的时间长短,则根据不同产品各不相同。

(3)解析干燥:物料中所有的冰晶在升华干燥后,物料内都会留下许多空穴,但物料的基质内还留有残余的未冻结水分,大约在 10% 左右,解析干燥就是要把这些残余的未冻结水分降低,使其达到 2% 左右,最后得到干燥的物料。

4. 真空冷冻干燥技术的影响因素

(1)预冻的影响因素

1)药品配方的影响:药品配方中的固体含量会影响药品的干燥及冻结,含量较高会使冷冻干燥药品结构的机械性能变得不稳定,药品颗粒甚至可能会粘在基质上,这些药品颗粒会随着干燥的过程中逸出的水蒸气被带到小瓶的塞子上对产品造成影响。因此应将药品配方中固体含量控制在 1.5% 左右,这样能够确保药品在冷冻干燥后还具有良好的机械性能,保证药品的质量。

2)真空度的影响:药品在预冻阶段温度降低,但由于板层的温度长时间低于药品的温度,会产生压力梯度,使药品中的水分在非真空的状态下升华,而这种升华过程还会阻碍后面药品的升华,致使药品出现分层、萎缩等状况,甚至会导致冷冻干燥失败。解决上述问题的方法有两种:一是当药品被放入到冷冻干燥箱后,将前箱的进气阀打开;二是在药品被放入到冷冻干燥箱后,添加适量的惰性气体,这样就能够保证冷冻干燥箱内表现为正压,从而降低预冻阶段药品出现升华的问题。

3)温度的影响:药品在冷冻干燥过程中,经常会出现温度过低或过高的状况:温度过低时很可能导致药品表面出现裂纹,在冷冻干燥完成后分成许多小块,不能形成一个完整的整体,不仅影响药品的成型,还会造成资源的浪费;而温度过高时,药品不能完全冻结,致使在抽真空的过程中,会出现喷瓶、浓缩、收缩等问题,这些问题都是不可逆的,严重地影响了药品的外观,甚至会导致冷冻干燥过程的失败。因此只有选择合适的预冻温度,才能有效地提高药品的冷冻干燥效果。

4)时间的影响:由于药品传热的滞后性导致药品温度降低的速率存在一定的差异,为了确保药品在同一温度下的预冻速率相同,当药品降到冻结温度后,应该保持恒定温度一定的时间,保证药品完全冻牢。

(2)升华干燥的影响因素

1)真空度的影响:真空度对水分子扩散以及热量传递都有影响,真空度过高或过低,都会降低冷冻干燥的速率。实践证明,只有将真空度控制在一定的范围才能提高药品升华干燥的效率,显著的缩短升华干燥的周期。

2)温度的影响:药品升华干燥的温度越接近共熔点,药品升华干燥的速率越快,在一定的真空度下,升华干燥的热量均用于药品中水分的升华,但药品本身温度的变化不大,既能缩短生产周期,同时还不影响冷冻干燥的效果。

（3）解析干燥的影响因素：解析干燥是药品冷冻干燥的第二次干燥，其作用是进一步去除药品的水分，保证药品中的含水量符合药品的工艺要求。

1）含水量的影响：药品中的水分残留量决定了解析干燥需要的时间，如果水分残留量过多，将会大大延长解析干燥的时间，因此应该将药品的含水量控制在 2.5% 以下，这样就会缩短解析干燥的周期。

2）温度的影响：在升华干燥完成后药品通常还含有 9% 左右的结合水，为了除去这些水分，应逐渐的升高温度梯度，但是注意在升温的过程中严格控制热量输入，密切关注升温的整个过程，将其控制在 24~29℃。

（4）密封保存的影响因素：药品在保存期间容易发生污染和吸潮等状况，为了避免这些状况的发生应控制好以下几个方面：

1）废品剔除：废品的剔除主要针对的是半成品的剔除，例如空瓶、无塞的瓶、倒瓶、歪瓶等，在保存药品的过程中，这些废品压塞时往往不能压紧瓶塞，给药品的保存带来很大危害，因此在保存药品的过程中，应在出料时对废品进行剔除，然后选择合适的位置放置药品。

2）跳塞处理：瓶子、胶塞以及清洗操作都会导致冷冻干燥后胶塞压的不紧，在储存的过程中就很容易导致出现跳塞现象，因此应将板层压下后再进气，这样就会在瓶内形成负压，塞子自动塞紧瓶口，能够有效地解决跳塞的问题。

3）储存在箱内的真空度：药品在长期储存的过程中会出现变质、萎缩等状况，为了解决这个问题，应该瓶内填充一些干燥和无菌的惰性气体，并且在充入气体之前保证瓶内的真空度，保证胶塞的密封性以确保证药品能够长期的保存。

5. 真空冷冻干燥过程常见问题和解决方法　冻干产品应具有表面平整、外形饱满、不萎缩、色泽均匀、加水后能迅速复溶、能长期存放等良好的物理形态。但是在产品冻干的生产过程中，经常会出现一些异常的情况，如掉底、喷瓶、破瓶、产品含水量过高或过低、含量不均匀、复溶后溶液浑浊等现象。下面对这些问题的产生原因和解决方法进行探讨。

（1）产品萎缩和鼓泡现象：升华阶段升温过快，或升华阶段尚未完成就提前进入解析阶段，致使温度过高，局部熔化，由液体变为气体，体积减小，或者干燥产品溶入液体之中，体积变小，大幅度的熔化就会产生鼓泡现象。这些问题的解决方法有控制升华阶段的温度使其缓慢升温、延长在升华阶段所用的时间，提高冻干箱的真空度以及控制产品温度低于共晶点或崩解点 5℃ 以上。

（2）产品出箱后出现空洞、萎缩、碎块、干燥不彻底等现象：可通过提高升华的温度或延长升华干燥的时间来解决。

（3）样品出箱后溶化：过多的残余水分会引起产品的完全塌陷。可通过调节升华干燥阶段的温度来避免复溶的发生。

（4）产品机械强度过低现象：产品出箱时的骨架结构很大，有时表现为绒毛状的物质，出箱后绒毛物质消失，制品疏松易引潮，就会出现萎缩现象，而干燥的成品机械强度过低，经振动就很容易分散成粉末黏附于瓶壁内，这些问题可通过增加填充剂用量来解决。

（5）产品不定型和开裂现象：产品中固体物质浓度太低，产品的结构就会很脆弱，不足以形成骨架，这会导致制品表面裂开，冻干后没有固定的形状，有些已被干燥的产品甚至被升华的气流带到容器外。这些问题可通过减慢第二阶段干燥的速度来减少物质的损失或增加固体物质浓度来加强制品的结构的稳定性。

（6）产品分层现象：药液冷冻速率缓慢，预冻过程中底部先形成冰晶，溶质向上浓缩或药液中某种物质浓度过高，在溶液长时间放置后，温度等影响因素的变化可能会使该物质析出沉淀导致产品在垂直方向上结构不均一而出现分层现象。这两种情况前者可以加快预冻速度或采用反复冻结法来解决，后者可通过降低浓度、调整处方等方法来解决。

（7）西林瓶在冻干中有时会发生瓶破裂及掉底现象，一般有以下几点原因：①西林瓶质量不好；②预冻速度过快；③溶液装量过多。

因此应尽量选择质量好的西林瓶，在冻干预冻阶段要缓慢降温，减小搁板和产品之间的温差，装量要适宜，这样可以减少破瓶及掉底问题。

（二）喷雾干燥技术

喷雾干燥最早是在1865年用于蛋品（各种蛋类和各种蛋类制品的总称）的处理，距今已经有一百多年的历史。现在已经是一种被广泛接受的干燥工艺。喷雾干燥技术是一种快速的一步微囊化过程，其条件温和，制得的微球具有粒度分布窄、包封率高等特点。这种将液态物料经雾化和干燥后在极短时间内变成固体粉末的工艺在21世纪取得了长足的进展，尤其在制药方面更为普遍，如蛋白、多肽类药物普遍生物利用度低、稳定性差，导致它们在治疗上受到很大限制。就可以采用喷雾干燥技术对这类物质进行微囊化进而提高它们的稳定性，延长药物保质期，便于药物包装运输和使用。目前应用该技术市售的仅有重组人生长激素聚乙酸-乙醇酸（PLGA）等少数药物，相信其在制药领域会取得更多的创新。

1. 喷雾干燥技术原理 喷雾干燥是将原料液用雾化器分散成雾滴，并用热空气（或其他气体）与雾滴直接接触的方式而获得粉粒状产品的一种干燥过程。原料液可以是溶液、乳浊液或悬浮液、也可以是熔融液或膏状物。

2. 喷雾干燥技术特点

（1）干燥过程迅速、操作方便。

（2）干燥产品具有良好的分散性、流动性和溶解性。

（3）喷雾干燥在密闭的容器中进行，保证了生产中的卫生条件，能避免粉尘在车间飞扬，避免污染环境。

（4）喷雾干燥可连续操作，生产能力大，产品质量高，能够满足工业化大规模生产的要求。

虽然喷雾干燥技术的优点显著，但其也有很多的不足之处。其缺点主要表现在动力消耗大，需要空气量较多，增加鼓风机的电能消耗与回收装置的容量，设备较复杂，占地面积大，一次性投资大等。

3. 喷雾干燥技术流程 首先，物料经过过滤器被输送到雾化器中进行雾化。然后通过滤器、加热器及分布器的空气和已经雾化的雾滴在喷雾干燥室接触、混合，完成干燥。最终气流中的粉末通过分离器收集，废气经旋风分离器由出风口排入大气。

喷雾干燥的干燥介质大多为空气。但是一些有机溶剂易燃易爆，可以改用惰性气体作为干燥介质，流程也改为闭路循环系统，惰性气体可以循环使用。

（三）喷雾冷冻干燥技术

常规喷雾干燥采用的干燥介质在整个蒸发干燥的过程中所达到的温度，会让一些含有生物活性成分的特殊物料无法承受高温而失活,因此,大多数产品的生产会选择真空冷冻干燥。但是冷冻干燥存在着能耗高、操作时间长、产品二次处理等诸多不足。近年来研究人员把冷冻干燥和喷雾干燥结合起来,形成了新的干燥技术,即喷雾冷冻干燥技术。随着医药产业的快速发展,喷雾冷冻干燥也发挥着越来越重要的作用。

1. 喷雾冷冻干燥技术原理　喷雾冷冻干燥技术是将溶解了蛋白质的溶液通过一个气雾喷嘴喷于冷的蒸汽相中,蒸汽相下面是低温液体层,小液滴通过蒸汽相时开始冻结,当接触到低温液体层时,小液滴完全冻结,将收集得到的冻结物置于冷冻干燥器中干燥,低温低压下使冰升华,得到干燥粉末。实质上,喷雾冷冻干燥法是喷雾干燥和冷冻干燥法两者的互补结合。

2. 喷雾冷冻干燥技术特点　喷雾冷冻干燥技术被用于制备蛋白、多肽类微球等药物制剂,由于喷雾冷冻干燥法是在低温下进行的,所以通常会对蛋白质产品带来较少的破坏。喷雾冷冻干燥法制备的产品具有良好的稳定性和复水性,比传统冷冻干燥具有更好的品质,但与喷雾干燥和冷冻干燥相比,喷雾冷冻干燥还是一个相对较新的组合干燥方式,很多研究和实践工作还有待进一步的探索,所以它本身仍存在着一些迫切需要解决的问题:如干燥时间长、干燥产品成本高等问题,但随着越来越多的蛋白、多肽类微球等药物制剂的开发,这项技术一定会愈加完善,在制药行业中是大有前途的,特别适用于具有较高市场价值的产品。

3. 喷雾冷冻干燥的流程　喷雾冷冻干燥过程一般有 3 个步骤:

(1) 利用雾化器把需要干燥的液体雾化成雾滴。

(2) 通过低温气体或液体把雾滴冻结,形成粉末。

(3) 对上述冻结粉末进行升华式干燥,获得粉末状的干燥成品。

4. 喷雾冷冻干燥发展趋势　喷雾冷冻干燥作为一种新型的干燥方式,可以替代部分的真空冷冻干燥,喷雾冷冻干燥适合制备的产品特性如下:

(1) 需要表面积大而多孔的物质。

(2) 蛋白质类粉雾剂等流动性好的产品。

(3) 极难溶于水的药物。

(4) 生产低水溶性药物的固态形式。

(四) 注射液的制备

注射液为无菌溶液,不仅要按照生产工艺流程进行生产,还要严格按照 GMP 进行生产管理,以保证注射液的质量和用药安全。注射液的一般生产过程主要包括配制、滤过、灌封、灭菌、检漏、印字、包装等步骤。目前常见的市售生物药物注射液有通化东宝药业生产的重组人胰岛素注射液,长春金赛药业生产的重组人生长激素注射液,北京四环生物制药生产的重组人白介素-2 注射液等产品。

1. 注射液的配制　注射液的配制方法分为浓配法和稀配法两种。将全部药物加入部分溶剂中配成浓溶液,加热或冷藏后过滤,然后稀释至所需浓度,此谓浓配法,此法可滤除溶解度小的杂质,因此当原料质量较差时,常用此方法。将全部药物加入所需溶剂中,一次配成所需浓度,再行过滤,此谓稀配法,可用于优质原料。

2. 注射液的滤过　注射液的滤过是保证注射液澄清的关键工序。注射液的滤过靠介质的拦截作用,其过滤方式有表面过滤和深层过滤。表面过滤是滤液中颗粒的大小大于过滤介质的孔道,过滤时固体颗粒被截留在介质表面,常用的滤过介质有微孔滤膜、超滤膜、反渗透膜等。深层过滤是滤液中颗粒的大小小于介质的孔道,但当颗粒随液体流入介质孔道时,被截留在介质的深层而分离。如砂滤棒、垂熔玻璃滤器、石棉滤过板等遵循深层截留作用机制。

3. 注射液的灌封　　注射液的灌封是将过滤的药液定量灌装到安瓿中并加以封闭的过程。包括灌注药液和封口两步,是注射剂生产中保证无菌的最关键操作,对于其环境要严格控制,尽可能达到较高的洁净度。

药液灌封要求做到剂量准确,注射液的实际分装量应符合"生物制品分装和冻干规程"的规定,药液不沾瓶口,以防熔封时发生焦头或爆裂,注入容器的量要比标示量稍多,以抵偿在给药时由于瓶壁黏附和注射器及针头的吸留而造成的损失,一般易流动液体可少量增加,黏稠性液体宜多量增加。

4. 注射液的灭菌与检漏

(1)灭菌:注射液灌封后应立即灭菌,从配液到灭菌要求在12h内完成。除无菌操作生产的注射剂外,所有的注射剂灌封后都应及时灭菌。灭菌方法有多种,详见第三章第四部分"灭菌、无菌技术与空气净化技术"。

(2)检漏:灭菌后的注射液应立即进行检漏,防止因安瓿未能严密熔合而使药液被微生物污染,从而威胁用药安全。检漏一般应用一种既能灭菌又能检漏两用的灭菌器,一般于灭菌后待温度稍降,抽气至一定的真空度,再放入有色溶液及空气,由于漏气安瓿中的空气被抽出,当空气放入时,有色溶液即借大气压力压入漏气安瓿内而被检出。

5. 注射液的印字和包装　　检验合格后的注射剂要进行印字和包装。印字内容包括品名、规格、批号、厂名及批准文号。经印字后的安瓿,即可装入纸盒内,盒外应贴标签,标明注射剂名称、内装支数、每支装量及主药含量、附加剂名称、批号、制造日期与失效期、商标、卫生主管部门批准文号及应用范围、用量、禁忌、贮藏方法等。产品还附有详细说明书,应严格按照《药品说明书和标签管理规定》执行。

二、生物药物注射剂质量控制

1. 外观　　应为无色或微黄色澄明液体。

2. 无菌　　注射剂成品中不应有任何活的微生物,必须达到药典无菌检查的要求。任何注射剂在灭菌后,均应抽取一定数量的样品进行无菌检查,以确保制品的灭菌质量。通过无菌操作的成品更应该检查无菌情况。

3. 热原　　无热原是注射剂的重要质量指标之一,特别是供静脉及脊椎注射用量大的注射剂必须通过热原检查。

4. 可见异物　　除另有规定外,应按照可见异物检查法进行检查。

5. 不溶性微粒　　除另有规定外,溶液型静脉用注射液、注射用无菌粉末均应符合规定,按照不溶性微粒检查法检查。

6. pH　　注射剂 pH 要求与血液相等或接近,一般应控制在 pH 4.0~9.0 范围。

7. 渗透压　　注射剂的渗透压要求与血液的渗透压相等或接近,静脉输液及椎管注射用注射液应符合规定,按照渗透压摩尔浓度测定法检查。

8. 水分含量　　注射用冻干制剂分装后应及时冷冻干燥,采用适宜条件按"生物制品分装和冻干规程"进行。冻干后残留水分应符合相关品种的要求。

9. 降压物质　对于降压的注射剂,其中的降压物质必须符合规定,以保证用药安全。

10. 装量差异　注射液和注射用冻干制剂都应该按照规定进行相应的装量差异检查,确保用药剂量。

11. 异常毒性试验　依法检查(附录ⅫF 小鼠试验法),应符合规定。

12. 细菌内毒素检查　每1支应小于10EU(附录ⅫE 凝胶限量试验)。如制品中含有 SDS,应将 SDS 浓度至少稀释至0.0025%。

除应符合注射剂项下质量检查外,还应进行下列主要项目检查:

(1)鉴别试验:按免疫印迹法(附录Ⅷ A)或免疫斑点法(附录Ⅷ B)测定,应为阳性。

(2)生物学活性:应为标示量的80% ~150%。

(3)残余抗生素活性:不应有残余氨苄西林或其他抗生素活性。

三、生物制品贮藏和运输规定

为保证产品质量的稳定性,生物制品在生产过程、待检过程、待销售及分发过程中,均应按本规程要求进行贮藏和运输。

(1)按中国《药品生产质量管理规范》要求,各生产单位应有专用的冷藏设备,供贮存收获物、原液、半成品及成品之用。

(2)下列收获物、原液、半成品及成品须分别贮存。贮存库应设有隔离设施,以免混淆。

1)尚未或正在加工处理的收获物及原液,由制造部门分别贮存。

2)已经完成加工的原液、半成品,在尚未得出检定结果前,仍由制造部门分别贮存。

3)待分装半成品及分装后待检或检定合格尚未包装的制品,由分装和包装部门分别贮存。

4)已经检定合格和包装后之制品,应交成品库贮存。

(3)贮存收获物、原液、半成品、成品的容器应贴有明显标志,注明制品名、批(亚批)号、规格、数量以及贮存日期。

(4)贮存的原液、半成品和成品应设有库存货位卡及分类账,由专人负责管理、及时填写进出库记录并签字。

(5)各种原液和半成品瓶口须严密包扎或封口。

(6)各种原液、半成品和成品应按各论所规定的温度、湿度及避光要求贮存,应定时检查和记录贮存库的温度和湿度。贮存温度通常为2~8℃,有专门规定者除外。

(7)应指定专人负责管理原液、半成品和成品贮存库。

(8)凡未经检定的原液、半成品或成品,须贴有"待检"明显标志。

(9)检定不合格的原液、半成品或成品,应贴有"不合格"明显标志,并及时按有关规定处理。

(10)凡检定合格的原液、半成品或成品,应贴有"合格"明显标志,并及时按有关规定处理。

(11)生物制品在运输期间应遵守下列原则

1)采用最快速的运输方法,缩短运输时间。

2）一般应用冷链方法运输。

3）冬季运输应注意防止制品冻结。

第三节　预防用生物制品

一、概　　述

预防用生物制品系指含有抗原、能够诱导人体产生特异性主动免疫的制剂,它可以保护机体免受感染原、毒素以及感染原引起的抗原性物质的损伤。

1. 灭活疫苗　制备过程是先从病人分离得到致病的病原细菌或病毒,经过选择,将细菌放在人工培养基上培养,收获大量细菌,再用物理或化学法将其灭活(杀死),可除掉其致病性而保留其抗原性(免疫原理);病毒只能在活体上培养,如动物、鸡胚或细胞培养中复制增殖,从这些培养物中收获病毒,灭活后制成疫苗。目前我国使用的灭活疫苗有百白破疫苗、流行性感冒疫苗、狂犬病疫苗和甲肝灭活疫苗等。

2. 活疫苗　指人工选育的减毒或自然无毒的细菌或病毒,具有免疫原性而不致病,经大量培养收获病毒或细菌制成。活疫苗用量小,只需接种一次,便可在体内增殖而达到免疫功效,而灭活疫苗用量大,并且需接种 2~3 次方能达到免疫功效。两者各有优缺点。现在,疫苗可通过基因重组技术来制备,主要用于尚不能用人工培养的细菌或病毒。常用活疫苗有卡介苗、麻疹疫苗、脊髓灰质炎疫苗(小儿麻痹症)等。接种后在体内有生长繁殖能力,接近于自然感染,可激发机体对病原的持久免疫力。活疫苗用量较小,免疫持续时间较长。活疫苗的免疫效果优于死疫苗。

3. 外毒素　一些细菌在培养过程中产生的毒性物质称为外毒素,外毒素经化学法处理后,失去毒力作用,而保留抗原。这种类似毒素而无毒力作用的称为类毒素,如破伤风类毒素。接种人体可产生相应抗体,保持不患相应疾病。

4. γ-球蛋白　是血液成分之一,含有各种抗体。人在一生中不免要患一些疾病,病愈后血液中即存在相应抗体,胎盘血也是一样。有些传染病在没有特异疫苗时,可用 γ-球蛋白作为预防制剂。现今给献血人员接种某些疫苗或类毒素,从而产生高效价抗体,用其制备的 γ-球蛋白称特异 γ-球蛋白,如破伤风、狂犬病、乙型肝炎特异 γ-球蛋白。但 γ-球蛋白不可用作保健品使用。

二、预防用生物制品制备工艺流程

预防性生物制品主要应用于菌苗、疫苗及类毒素等预防用生物制品施行预防接种,提高人群免疫水平,降低易感性,尤其对于某些传染病,效果颇为显著。其中主要包括疫苗和类毒素。

1. 制备流程　制备流程包括:发酵→纯化→灭活吸附→收集灭活→加工→配制和灌装,见图 4-1。

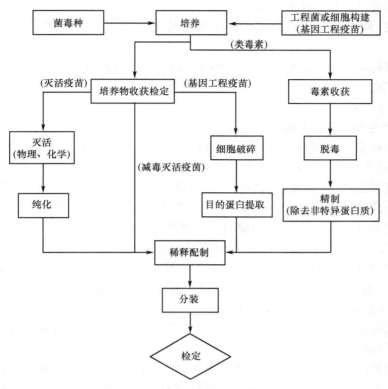

图 4-1　预防用生物制品制备流程图

2. 乙脑制备流程　乙型脑炎病毒接种于 Vero 细胞→培养→收获病毒液→灭活病毒→浓缩→纯化→加入稳定剂→冻干

（1）细胞制备：取工作细胞库中的 1 支或多支细胞管，细胞复苏、扩增至接种病毒的细胞为 1 批。将复苏后的单层细胞用胰蛋白酶或其他适宜的消化液进行消化，分散成均匀的细胞，加入适宜的培养液混合均匀，置 35～37℃培养形成致密单层细胞。

（2）培养液：培养液为含适量灭能新生牛血清的乳蛋白水解物 Earle 氏液或其他适宜培养液，用来进行细胞培养。新生牛血清的质量应符合要求，且乙脑抗体应为阴性。

（3）对照细胞病毒外源因子检查。

（4）病毒接种和培养：细胞生长成致密单层时，弃去细胞培养液，用 Earle's 液或其他适宜的洗涤液充分冲洗细胞，除去牛血清后，加 MEM 维持液。工作种子批毒种按 0.05～0.3MOI 接种（同一批工作种子批应按同一 MOI 接种）。置适宜温度下培养。

（5）病毒收获：经培养 60～84h，澄清过滤后收获病毒液。根据细胞生长情况，可加入新鲜维持液继续培养，进行多次病毒收获。同一细胞批的同一次病毒收获液检定合格后可合并为单次病毒收获液。

（6）单次病毒收获液检定。

（7）病毒灭活：应在规定的蛋白质含量范围内进行病毒灭活。单次病毒收获液中加入终浓度为 200μg/ml 甲醛，置适宜温度灭活一定时间。病毒灭活到期后，每个病毒灭活容器应立即取样，分别进行病毒灭活验证试验。

（8）超滤浓缩：同一细胞批制备的多个单次病毒收获液经病毒灭活后，进行适宜倍数的超滤浓缩至规定的蛋白质含量范围。

（9）纯化：浓缩后的病毒液采用蔗糖密度梯度区带离心法或其他适宜的方法进行纯化。

（10）脱糖：将收集液以截留分子量 100kD 的膜进行超滤脱糖后，可加入适宜浓度的稳定剂，即为原液。

（11）原液检定

3. 预防用生物制品质量控制

（1）单次病毒收获液检定：①无菌检查：依法检查，应符合规定。②支原体检查：依法检查，应符合规定。③病毒滴定：应不低于 7.0 Lg LD50/ml。

（2）原液检定：①无菌检查：依法检查，应符合规定。②病毒灭活验证试验：将病毒灭活后供试品脑内接种体重 12~14g 小鼠 8 只，每只 0.03ml，同时腹腔接种 0.5ml，为第 1 代；7 天后将第 1 代小鼠处死 3 只，取脑制成 10% 脑悬液，同法脑内接种 12~14g 小鼠 6 只为第 2 代；7 天后将第 2 代小鼠处死 3 只，同法脑内接种 12~14g 小鼠 6 只为第 3 代，接种后逐日观察，3 日内死亡者不计，观察 14 天，全部健存为合格（动物死亡数量应不超过试验用动物总数的 20%）。③蛋白质含量：应按附录 VIB 第二种方法进行测定，按照规定的标准执行。④抗原含量：采用酶联免疫法，按规定的标准执行。

（3）半成品检定：①无菌检查：依法检查，应符合规定。②抗原含量：采用酶联免疫法，按规定的标准执行。

（4）成品检定：除水分测定外，应按标示量加入灭菌注射用水，复溶后进行以下各项检定。①鉴别试验：采用酶联免疫法检测，应证明含有乙型脑炎病毒抗原。②外观：应为白色疏松体，复溶后应为无色澄明液体，无异物。③水分：应不高于 3.0%。④游离甲醛含量：应不高于 10μg/mL。

（5）效价测定：采用免疫小鼠中和抗体测定法，以蚀斑减少中和试验测定中和抗体。

将被检疫苗（T）和参考疫苗（R）分别稀释成 1:32，腹腔免疫体重为 12~14g 小鼠 10 只，每只 0.5ml，免疫 2 次，间隔 7 天。第 2 次免疫后第 7 天采血，分离血清，同组小鼠血清等量混合，于 56℃灭活 30min。稀释阳性血清、被检苗血清和参考苗血清，分别与稀释病毒（约 200PFU/0.4ml）等量混合，同时将稀释后的病毒再 1:2 稀释作为病毒对照，置 37℃水浴 90min，接种 6 孔细胞培养板 BHK21 细胞，每孔 0.4ml，置 37℃培养 90min，加入含甲基纤维素的培养基覆盖物，于 37℃培育 5 天，染色，蚀斑计数，病毒对照组的蚀斑平均数应在 50~150。计算被检疫苗和参考疫苗组对病毒对照组的蚀斑减少率。

$$蚀斑减少率 = (1 - S/CV) \times 100\%$$

式中，S 为被检苗平均斑数；CV 为病毒对照组平均斑数

按以下公式计算被检苗效力 T 值。

$$T = (Y - 50)/47.762 + \lg X$$

$$T = 被检苗引起 50\% 蚀斑减少的抗体稀释度的对数$$

式中，Y 为被检苗的蚀斑减少数；X 为蚀斑中和试验时所用的血清稀释倍数

结果判定：①合格：$T \geq (RA + RB)/2 - 0.33$；②重试：$(RA + RB)/2 - 0.66 < T < (RA + RB)/2 - 0.33$；③不合格：$T < (RA + RB)/2 - 0.66$

（6）热稳定性试验：疫苗出厂前应进行热稳定性试验，于 37℃放置 7 天，按 5 项进行效价测定，仍应合格。如合格，视为效价测定合格。

（7）牛血清白蛋白残留量：应不高于 50ng/剂。

（8）无菌检查：依法检查，应符合规定。

（9）异常毒性检查：依法检查，应符合规定。

（10）细菌内毒素含量测定：应不高于 50EU/ml。

（11）抗生素残留量测定：细胞制备过程中加入抗生素的应进行该项检查，采用 ELISA 法，应不高于 10ng/ml。

（12）Vero 细胞 DNA 残留量：应不高于 100pg/剂。

（13）Vero 细胞蛋白残留量测定：采用酶联免疫法，应不高于 2μg/ml，并不得超过总蛋白含量的 10%。

第四节　治疗用生物制品

一、概　　述

治疗用生物制品是以微生物、细胞、动物或人源组织和体液等为原料，应用传统技术或现代生物技术制成，用于人类疾病治疗。

1. 血液制剂　由健康人或动物血浆，或特异免疫的人或动物血浆分离、提纯制成的血浆蛋白组分或血细胞组分制品。利用重组 DNA 技术制成的血浆蛋白组分或血细胞组分制品也是血液制品。

2. 免疫制剂　不直接杀伤或抑制病毒，而主要是通过细胞表面受体作用使细胞产生抗病毒蛋白，从而抑制病毒的复制；同时还可增强自然杀伤细胞、巨噬细胞和 T 淋巴细胞的活力，从而起到免疫调节作用，并增强抗病毒能力，如干扰素。

二、治疗用生物制品制备工艺流程

1. 治疗用生物制品制备方法　治疗用生物制品制备的主要内容为：

（1）原液制备，见第三章第一部分。

（2）原液检测，见第三章第二部分。

（3）配液：配液是指将原料、分散介质（溶剂）、附加剂等按操作规程制成体积、浓度、分散度、均匀度等符合生产指令及质量标准要求的液体制剂的操作过程。

（4）过滤除菌：过滤除菌系用滤材阻留法去除介质中微生物以达消毒或灭菌目的，可用于对液体和气体的处理。

（5）冷冻干燥，见第四章第二节。

2. 重组人胰岛素的生产工艺流程　菌种选育→种子制备→发酵液固液分离→纯化沉淀干燥→成品粗纯化→成品精纯化→过滤冻干。

（1）菌种选育

1）目的基因的提取：即从人的 DNA 中提取胰岛素基因，可使用限制性内切酶将目的基因从原 DNA 中分离。主要有如下 4 种方法：

鸟枪法：用一大堆限制性核酸内切酶对附近基因进行剪切，提取所需要的片段，利用 DNA 分子杂交，即 DNA 探针进行筛选。

人工合成法：根据转录蛋白或者 mRNA 推导出基因序列，然后人工合成，不含内含子。

从基因文库中提取：即利用事先已经提取完毕的基因。

PCR 扩增技术：大量生产该段基因片段，用于商业化运作。

2）提取质粒：使用细胞工程，培养大肠杆菌，从大肠杆菌的细胞质中提取质粒，质粒为环状 DNA。

碱裂解法：此方法适用于小量质粒 DNA 的提取，提取的质粒 DNA 可直接用于酶切、PCR 扩增、银染序列分析。

3）基因重组：取出目的基因与质粒，先利用同种限制性内切酶将质粒切开，再使用 DNA 连接酶将目的基因与质粒"缝合"，形成一个能表达出胰岛素的 DNA 质粒。

4）将质粒送回大肠杆菌：在大肠杆菌的培养液中加入含有 Ca^+ 的物质，如 $CaCl_2$，这使细胞会吸收外源基因，此时将重组的质粒也放入培养液中，大肠杆菌便会将重组质粒吸收。

将大肠杆菌用氯化钙处理，以增大大肠杆菌细胞壁的通透性，使含有目的基因的重组质粒能够进入受体细胞，此时的细胞处于感受态（理化方法诱导细胞，使其处于最适摄取和容纳外来 DNA 的生理状态）。

（2）重组人胰岛素的生产和精制（即菌种的发酵培养）将经过活化的重组人胰岛素转移至培养基中进行培养，培养一段时间后，将其转移至含有培养基的发酵罐中培养一段时间（转速为 300r/min，通气量为 1∶1.5~1.8），过程中加入一定量新鲜培养基并用 NaOH 调节 pH，之后加入异丙基-β-D-硫基吡喃半乳糖苷并升温诱导重组人胰岛素的表达，转速随即调为 400~500r/min，增大通气量至 1∶1.8~1∶2.0，继续培养一段时间后，收集菌体。

将收集的湿菌体冻存于 −20℃，然后将 5~6ml/g 湿菌悬浮于 50mmol/L Tris-HCl，0.5mmol/L EDTA，50mmol/L NaCl，5% 甘油，0.1~0.5mmol/L 二硫苏糖醇的缓冲液中（pH 7.9），加入溶菌酶（5mg/g 湿菌体），室温或 37℃震荡 2h，冰浴超声 10s×30 次，期间每次间隔20s，功率为 200W。10℃条件下 1000g 离心 5min 去除细胞碎片。上清液中的包涵体在 4℃条件下 27 000g 离心 15min 收集，然后用含 2mol/L 尿素的上述缓冲液充分悬浮，室温静置 30min 后，4℃条件下 17 000g 离心 15min，收集沉淀。沉淀再用含 2% 脱氧胆酸钠的上述缓冲液充分悬浮，4℃条件下 17 000g 离心 15min，收集沉淀。最后沉淀用 10mmol/L Tris-HCl pH 7.3 洗涤 2 次，4℃条件下 17 000g 离心 15min。

将收集的上清液中的包涵体用含有 0.1%~0.3% β-硫基乙醇的 30mmol/L Tris-HCl，8mol/L 尿素，pH 8.0 的缓冲液溶解，上于已用所述缓冲液平衡的 DEAE-Sepharose EF 柱，用合适的氯化钠梯度洗脱，收集含重组人胰岛素的洗脱液。

将初步纯化后的重组人胰岛素通过 Sephadex G-25 脱尿素，转换缓冲液为不同 pH 的 50mmol/L Gly-NaOH 重组液，使蛋白终浓度为 0.1~0.6mg/ml，收集趋于正确折叠的重组人胰岛素单体成分，加入适量谷胱甘肽，4℃放置 24h。

向重组人胰岛素复性液中加入一定量的胰蛋白酶和羧肽酶 B，37℃酶切一段时间，然后用 0.1mol/L $ZnCl_2$ 终止反应并生成沉淀。

3. 重组人胰岛素质量控制

（1）检查

1）有关物质：取本品适量，加 0.01mol/L 盐酸溶液溶解并制成每 1ml 中含 3.5mg 的溶液，作为供试品溶液。照含量测定项下的色谱条件，以 0.2mol/L 硫酸盐缓冲液（pH 2.3）-

乙腈(82：18)为流动相 A,乙腈-水(50：50)为流动相 B,按下表进行梯度洗脱。调节流动相比例使重组人胰岛素主峰的保留时间约为 25min,系统适用性试验应符合含量测定项下的规定。取供试品溶液 20μl 注入液相色谱仪,记录色谱图,按峰面积归一化法计算,含 A_{21} 脱氨人胰岛素不得大于 1.5%,其他杂质峰面积之和不得大于 2.0%。

时间(min)	流动相 A(%)	流动相 B(%)
0	78	22
36	78	22
61	33	67
67	33	67

2）高分子蛋白质:取本品适量,加 0.01mol/L 盐酸溶液溶解并制成每 1ml 中约含 4mg 的溶液,作为供试品溶液。照分子排阻色谱法试验。以亲水改性硅胶为填充剂(5~10μm);冰醋酸-乙腈-0.1%精氨酸溶液(15：20：65)为流动相;流速为每分钟 0.5ml;检测波长为 276nm。取重组人胰岛素单体-二聚体对照品,用 0.01mol/L 盐酸溶液制成每 1ml 中约含 4mg 的溶液;取 100μl 注入液相色谱仪,重组人胰岛素单体峰与二聚体峰的分离度应符合要求。取供试品溶液 100μl,注入液相色谱仪,记录色谱图,扣除保留时间大于人胰岛素主峰的其他峰面积,按峰面积归一化法计算,保留时间小于人胰岛素主峰的所有峰面积之和不得大于 1.0%。

3）干燥失重:取本品 0.2g,在 105℃干燥至恒重,减失重量不得过 10.0%。

4）炽灼残渣:取本品约 0.2g,依法检查,遗留残渣不得过 2.0%。

5）锌:精密称取本品适量,加 0.01mol/L 盐酸溶液溶解并定量稀释制成每 1ml 中约含 0.1mg 的溶液。另精密量取锌单元素标准溶液(每 1ml 中含 Zn 1000μg)适量,用 0.01mol/L 盐酸溶液分别定量稀释成每 1ml 中含锌 0.20μg、0.40μg、0.60μg、0.80μg、1.00μg 与 1.20μg 的锌标准溶液。照原子吸收分光光度法,在 213.9nm 的波长处测定吸光度,按干燥品计,含锌(Zn)量不得大于 1.0%。

6）微生物限度:取本品 0.2g,依法检查,每 1g 中含细菌数不得过 300cfu。

7）细菌内毒素:取本品,依法检查,每 1mg 重组人胰岛素中含内毒素的量应小于 10EU。

8）菌体蛋白残留量:取本品适量,依法检查,每 1mg 重组人胰岛素中菌体蛋白残留量不得过 10ng。外源性 DNA 残留量 取本品适量,依法检查,每 1 剂量重组人胰岛素中宿主 DNA 不得过 10ng。

9）生物活性:取本品适量,照胰岛素生物测定法,每组的实验动物数可减半,实验采用随机设计,照生物检定统计法中量反应平行线测定随机设计法计算效价,每 1mg 的效价不得少于 15 单位。

(2)含量测定:照高效液相色谱法:测定。

1）色谱条件与系统适用性试验:用十八烷基硅烷键合硅胶为填充剂(5~10μm);0.2mol/L 硫酸盐缓冲液(取无水硫酸钠 28.4g,加水溶解后,加磷酸 2.7ml、水 800ml,用乙醇胺调节 pH 至 2.3,加水至 1000ml)-乙腈(74：26)为流动相;流速为每分钟 1ml;柱温为 40℃;检测波长为 214nm。取系统适用性试验溶液(取重组人胰岛素对照品,加 0.01mol/L 盐酸溶液溶解并制成每 1ml 含 1mg 的溶液,室温放置至少 24h)20μl,注入液相色谱仪,人胰岛素峰与 A21 脱氨人胰岛素峰(与人胰岛素峰的相对保留时间约为 1.3)的分离度不小于 1.8,拖尾因子不大于 1.8。

2) 测定法:取本品适量,精密称定,加 0.01mol/L 盐酸溶液溶解并定量稀释制成每 1ml 中含 0.35mg(约 10 单位)的溶液(临用新配)。精密量取 20μl 注入液相色谱仪,记录色谱图;另取重组人胰岛素对照品适量,同法测定。按外标法以人胰岛素峰与 A_{21} 脱氨人胰岛素峰面积之和计算,即得。

第五章 黏膜给药系统

第一节 喷雾剂、气雾剂

一、概　述

（一）喷雾剂（sprays）概述

1. 定义　又称气压制剂，是指用压缩空气或惰性气体作动力，以非金属喷雾器将药液喷出的剂型。

2. 分类

（1）按用药途径可分为吸入喷雾剂、非吸入喷雾剂及外用喷雾剂。

（2）按给药定量与否，喷雾剂可分为定量喷雾剂和非定量喷雾剂。

3. 体内吸收　以压缩空气作为动力，喷出的微粒大小控制在 $20\sim60\mu m$，当人体吸入后能达到末端支气管；惰性气体作动力喷出的微粒大小为小于 $10\mu m$，吸入后可达到肺部深处。超声雾化器，其雾粒多小于 $5\mu m$，吸入后能达到细支气管和肺泡内。

（二）气雾剂概述

1. 定义　指药物与适宜的抛射剂封装于具有特制阀门系统的耐压密封容器中而制成的制剂。使用时借助抛射剂的压力将内容物喷出。抛射剂多为液化气体，在常压下沸点低于室温，蒸汽压高。当阀门开放时，压力突然降低，抛射剂急剧气化，借抛射剂的压力将容器内的药物以雾状喷出，现应用较多的抛射剂有氢氟烷烃和二甲醚等。

2. 分类

（1）按分散系统分类

1）溶液型气雾剂：固体或液体药物溶解在抛射剂中，形成均匀溶液，喷出后抛射剂挥发，药物以固体或液体微粒状态达到作用部位。

2）混悬型气雾剂：此类气雾剂又称为粉末气雾剂。固体药物以微粒状态分散在抛射剂中，形成混悬液，喷出后抛射剂挥发，药物以固体微粒状态达到作用部位。

3）乳剂型气雾剂：液体药物或药物溶液与抛射剂（不溶于水的液体）形成 *W/O* 或 *O/W* 型乳剂。*O/W* 型乳剂在喷射时随着内相抛射剂的汽化而以泡沫形式喷出，*W/O* 型乳剂在喷射时随着外相抛射剂的汽化而形成液流形式喷出。

（2）按给药途径分类

1）吸入式气雾剂（inhalationaerosois）：指使用时内容物呈雾状喷出并吸入肺部的气雾剂。吸入气雾剂还可分为单剂量包装或多剂量包装。

2）非吸入式气雾剂：使用时直接喷到腔道黏膜（口腔、鼻腔、阴道等）的气雾剂。

3）外用气雾剂：是指用于皮肤和空间消毒的气雾剂。

（3）按处方组成分类

1）二相气雾剂:即溶液型气雾剂,由药物与抛射剂形成的均匀液相所组成。

2）三相气雾剂:其中两相均是抛射剂,即抛射剂的溶液和部分挥发的抛射剂形成的液体,根据药物的情况,分为三种:A 药物的水性溶液与液化抛射剂形成 W/O 乳剂,另一相为部分汽化的抛射剂;B 药物的水性溶液与液化抛射剂形成 O/W 乳剂,另一相为部分汽化的抛射剂;C 固体药物微粒混悬在抛射剂中固、液、气三相。

此外,气雾剂按是否采用定量阀门系统可分为定量气雾剂和非定量气雾剂。其中定量气雾剂主要用于肺部、口腔和鼻腔,而非定量气雾剂主要用于局部治疗的皮肤、阴道和直肠。

（三）喷雾剂、气雾剂特点

（1）气雾剂装有定量阀门,给药剂量准确。

（2）可以直接到达作用部位或吸收部位,吸入气雾剂后,药物经气管、支气管、细支气管、肺泡管到达肺泡。

（3）药物吸收非常迅速,具有十分明显的速效作用和定位作用。原因主要是肺部有巨大的可供吸收的表面积(肺泡总面积约达 $100m^2$)和丰富的毛细血管网,且肺泡至毛细血管之间的转运距离极短,仅约 $1\mu m$,如图 5-1 所示,不同直径的药物粒子被吸入肺部后可分布在肺部不同位置。

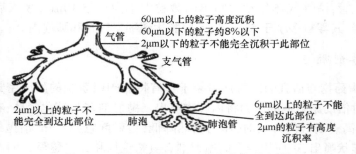

图 5-1　不同直径粒子吸入肺部位置分布图

（四）喷雾剂和气雾剂的区别

喷雾剂、气雾剂都是借助压力将药物喷出直接到达作用部位或吸收部位,具有准确定位、快速起效的特点。广泛应用于烫伤、气喘、耳鼻喉疾病等,喷雾剂和气雾剂在外形上很相似,故人们常将它们混为一谈,实际上它们是两种不同剂型,其主要区别在于:

（1）不含抛射剂借助手动泵的压力以雾状等形态喷出的制剂成为喷雾剂。

（2）气雾剂系指药材提取物或药材细粉与适宜的抛射剂装在具有特制阀门系统的耐压严封容器中,使用时借助抛射剂的压力将内容物以细粉状或其他形态喷出的制剂。

（3）喷雾剂是借助外力喷射,气雾剂借助内压及抛射剂喷出。

二、生物药物喷雾剂

由于生物药物出现较晚及其性质的特殊性,对于生物药物喷雾剂的研究相较于其他药

物的喷雾剂剂型开发较晚,但是在一代又一代的科研工作者的努力下,已经有一定数量的
生物药物喷雾剂在市场上出现。例如:重组人干扰素 α1b 喷雾剂、枯草芽胞杆菌喷雾剂、重
组人干扰素 α2b 喷雾剂等。

(一) 生物药物鼻腔喷雾剂的代谢机制

肽类和蛋白质类药物通过鼻腔喷雾剂
进行给药,进而通过鼻黏膜吸收已经逐渐
被接受为一种快速高效吸收的给药方式,
鼻腔、口腔、咽喉吸入喷雾剂的空气流通途
径,见图 5-2。鼻黏膜上有很多黏膜细胞,
细胞自身伸展出很多的微细绒毛,大大增
加了药物吸收的比表面积,在黏膜细胞下
有着丰富的血管和淋巴管,药物通过黏膜
吸收后可直接进入体循环,此外,鼻腔内酶
对于药物的代谢作用远远小于胃肠道,因
此,鼻腔给药系统更有利于生物药物的给
药方式。此外,药物从鼻嗅区吸收,为某些
中枢神经系统疾病的治疗提供了一条有效
的给药途径。

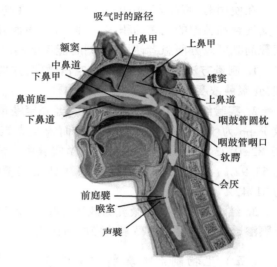

图 5-2　鼻腔、口腔、咽喉吸入喷雾剂的空气流通途径

(二) 生物药物面临的主要问题

蛋白质和多肽类药物以口服制剂形式进行给药的过程中面临的问题主要有两个:

1. 胃肠道内酶对蛋白质和多肽的降解　蛋白质和多肽类药物经过口服后进入胃部首
先会被胃蛋白酶水解,随后进入肠道后被多种胰蛋白酶类降解。酶的降解是导致口服蛋白
质和多肽类药物生物利用度低的最主要因素。

2. 蛋白质和多肽分子对肠道黏膜的低通透性　蛋白质或多肽分子进入肠道之后必须
依次穿过肠道的黏膜层、水层、上皮层,之后由基底膜细胞吸收输送进入毛细血管,进而进
入全身代谢,而蛋白质和多肽类药物自身相对分子量较大,脂溶性差,难以透过肠道黏膜。

(三) 生物药物喷雾剂的特点

采用喷雾剂的形式进行给药,将会对上述的缺陷进行改进:

(1) 喷雾剂是将药物密闭于容器内从而能保持药物清洁无菌。

(2) 由于容器本身不透明,可以达到避光的效果。

(3) 不与空气中的氧或水分直接接触,所以能有效保持生物药物的稳定性。

(4) 可有效避免肝首过效应和胃肠道对蛋白质和多肽类药物的破坏作用,药物经过鼻
腔或者口腔黏膜的吸收可直接进入血液循环,起效更快。

(5) 局部用药刺激性小;药物以雾状喷出,不用涂抹,干净卫生。

(6) 剂量准确,使用定量阀门控制剂量。

(7) 给药依从性较强,不会产生注射所带来的痛苦。

（四）生物制剂喷雾剂的制备

胰岛素是治疗糖尿病的有效药物,但目前市场上流通的主要是静脉或皮下注射的注射剂,使用胰岛素治疗的依从性较差。胰岛素口腔喷雾剂,将胰岛素配以大豆卵磷脂、丙二醇、冰片、乙醇、苯酚等溶媒,以特殊工艺制备,使得胰岛素经口腔吸收成为可能。

在使用时,将喷雾剂的喷头放在口中,在喷雾的同时深呼吸,将胰岛素吸入气管,由于小支气管和肺泡的比表面积很大,同时其表面并没有分布破坏胰岛素的物质,所以胰岛素喷雾剂既可以方便患者使用,又同时能保证胰岛素的稳定性。

1. 制备方法 用卵磷脂制备空白微乳,并加入适量的胰岛素和壳聚糖制备胰岛素喷雾剂,壳聚糖浓度为 0.4%。

2. 实验结果 体外透膜实验中,经壳聚糖预处理后胰岛素喷雾剂在黏膜的表观渗透系数 Papp 为 $(15.17\pm4.72)\times10^8$ cm/s 而未经壳聚糖预处理时的胰岛素喷雾剂的 Papp 仅为 $(0.82\pm0.23)\times10^8$ cm/s。家兔药效学实验中,经壳聚糖预处理的胰岛素喷雾剂最大降糖率为 53.92%;未经壳聚糖预处理的胰岛素喷雾剂最大降糖率为 39.71%,含壳聚糖溶液为 31.42%。

3. 结论 以卵磷脂微乳为载体,同时加入壳聚糖作为吸收促进剂可显著增加胰岛素的黏膜渗透能力并提高胰岛素的降血糖作用。

（五）生物制剂喷雾剂质量检查

1. 每瓶总喷次 多剂量定量喷雾剂照下述方法检查,每瓶总喷次应符合规定。检查法:取供试品 4 瓶,除去瓶盖充分震荡照说明书操作在通风橱内分别按压阀门连续喷射于已经加入适量吸收液的容器内(注意每次喷射间隔 5s 并缓慢震荡),直至喷尽为止,分别计算喷射次数,每瓶总喷次均等不得少于其标示总喷次。

2. 每喷剂量 除另有规定外定量喷雾剂照下述方法检查,每喷剂量应符合规定。检查法:取供试品 4 瓶照说明书操作,分别试喷数次后,擦净,精密称定,再连续喷射三次,每次喷射后均擦净,精密称定计算每次喷量,连续喷射 10 次后,按上述方法再测定 4 次喷量,计算每瓶 10 次喷量的平均值,除另有规定外,均应为标示喷量的 80%～120%。凡规定测定每喷主药含量喷雾剂不再进行每喷喷量的测定。

3. 每喷主药含量 除另有规定外定量喷雾剂照下述方法检查,每喷主药含量应符合规定。检查法:取供试品 1 瓶照说明书操作,试喷 5 次用溶液剂洗净喷口,充分干燥后喷射 10 次或 20 次(注意喷射每次间隔 5s 并缓慢震荡)收集于一定量的吸收溶剂中(防止损失)转移至适宜量瓶中并稀释至刻度,摇匀,测定。所测得的结果除以 10 或 20 即为平均每喷主药含量,每喷主药含量应为标示含量的 80%～120%

4. 雾粒分布 吸入喷雾剂应检查雾滴(粒)分布,照吸入喷雾剂分布测定法检查,使用正文项下规定的接受液和测定方法,依法测定。除另有规定外,雾滴(粒)药物量应不少于每喷主药含量。

5. 装量差异 除另有规定外单剂量喷雾剂装置差异应符合规定,具体要求见表5-1。

检查法:除另有规定外取供试品 20 个,照各品种项下规定的方法求出每个内容物的装量和平均装量。将每个供试品的装量与平均量相比较。超出装量差异限度的不得多于 2 个,并不得有一个超出限度的 1 倍。

表 5-1 喷雾剂装量差异要求

平均装量	装量差异限度
0.30g 以下	±10%
0.30g 以上至 0.30g	±7.5%

凡规定检查含量均匀度的单剂量喷雾剂,一般不再进行装量差异的检查。

6. 装量 非定量喷雾剂照最低装量检查法检查,应符合规定。

7. 无菌 用于烧伤、创伤或溃疡喷雾剂照无菌检查法检查,应符合规定。

8. 微生物限度 除另有规定外,照微生物限度的检查法检查,应符合规定。

除应符合喷雾剂项下质量检查外,还应主要进行下列项目等检查:

1. 生物学活性 应为标示量的 80%~150%。

2. 残余抗生素活性 不应有残留的氨苄西林或其他抗生素活性。

3. 细菌内毒素 符合细菌内毒素检查规定。

第二节 片 剂

一、概 述

(一)片剂定义

片剂(tablets)系指药物与适宜辅料混匀压制而成的固体制剂,可供内服也可外用(主要于舌下、口腔黏膜或阴道黏膜使用)。自从 19 世纪 40 年代诞生至今,已经成为目前临床应用最为广泛的剂型之一。世界各国药典中以片剂收录最多,在我国历年药典中,片剂占 40.0% 左右。

(二)片剂分类

1. 按制法的不同分类 片剂可分为压制片和模印片两类。现代广泛应用的片剂几乎都是压制片剂,模印片已极少应用。

2. 按制备、用法和作用的不同分类 片剂可分为口服片剂、口腔用片剂和其他途径应用的片剂。

(1)口服片剂:指供口服的片剂,此类片剂中的药物主要经胃肠道吸收而发挥局部或全身作用。

1)普通片(conventional tablets):即普通压制片,是指将辅料与药物混合均匀后压制而成,一般用水吞服,应用最广。

2)包衣片(coated tablets):指用衣膜包裹在普通压制片外部的片剂。一般包衣的目的是增加片剂中药物的稳定性,掩盖药物的不良气味,改善片剂的外观等。

3)多层片(multilayer tablets):由每层含有不同药物或不同释放性能的颗粒组成,可通过两次以上加压,形成上下分层或里外分层的多层(含两层)的片剂。

4)咀嚼片(chewable tablets):系指用于口腔中咀嚼或吮服使片剂溶化后吞服,在胃肠道中发挥作用或经胃肠道吸收发挥全身作用的片剂。

5）泡腾片（effervescent tablet s）：指遇到水可产生气体（如二氧化碳）而快速崩解呈泡腾状的片剂。

6）分散片（dispersible tablets）：系指在水中能迅速崩解并均匀分散的片剂。

7）口腔速崩片（orally disintegrating tablets）或口腔速溶片（orally dissolving tablets）：将片剂置于口腔内能迅速崩解或溶解，吞咽后发挥全身作用的片剂。

（2）口腔用片剂

1）口含片（buccal tablets）：也称含片，是指含在口腔内或颊膜内，药物缓缓溶解而不吞下，从而产生持久局部作用的片剂。

2）舌下片（sublingual tablets）：指置于舌下能迅速溶化的片剂。药物通过舌下黏膜快速吸收而显现速效，从而发挥全身作用。

3）口腔贴片（buccal tablets）：将片剂粘贴于口腔，经黏膜吸收后起局部或全身作用的片剂。

（3）其他途径应用的片剂

1）阴道用片（vaginal tablets）：指置于阴道内应用的片剂。多用于阴道的局部疾患，也用于计划生育等，起消炎、杀菌、杀精子及收敛等作用。

2）植入片（implant tablets）：指植入（埋入）体内慢慢溶解并吸收，产生持久药效（长达数月至数年）的片剂。

3）可溶片或溶液片（solution tablets）：临用前加水溶解成溶液后使用的片剂。

（三）片剂作用特点

（1）能适应医疗预防用药的多种要求。

（2）剂量难确，应用方便。

（3）质量稳定，物理性状、化学性质及生理活性等在贮存期间变化较小。

（4）体积小，携带、运输、贮存方便。

（5）便于识别，药片上既可以压上主药名和含量的标记，也可以将片剂制成不同的颜色。

（6）生产机械化、自动化程度高，产量大，成本较低。

（四）片剂辅料

包括：①稀释剂（diluents）；②润湿剂（moistening agents）；③崩解剂（disintegrants）；④润滑剂（clubricants）；⑤色、香、味调节剂。

二、生物药物片剂

由于生物药物的自身特性，生物药物片剂的研究目前处于起步阶段，已在临床成熟应用的有重组人干扰素 α2b 阴道泡腾片等，用于阴道炎等外科疾病。

（一）生物药物片剂的代谢机制

生物药物肠溶片剂在吸收前需要经历分散、崩解、溶出、跨生物膜、吸收等过程，首先肠溶片剂经过温水送服之后，通过食道进入胃部，由于肠溶片剂的包衣的制备过程中，利用 pH

差异的原理,将外部包衣进行修饰,使之无游离氨基存在,失去与酸的结合能力,只能在肠液中溶解,从而达到延缓释放的效果,进入肠道中后,包衣溶解,药物颗粒开始分散,逐渐崩解成细颗粒,药物分子从颗粒中溶出,之后药物通过肠黏膜吸收进入血液循环中。片剂的吸收机制见图 5-3。

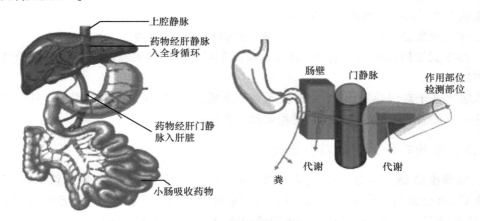

图 5-3　片剂吸收机制示意图

(二) 生物药物片剂面临的主要问题

蛋白质和多肽类药物以其良好的选择性和生物活性,已逐渐成为治疗众多疾病的首选药物,例如胰岛素在临床应用中已经发挥着不可替代的作用。由于蛋白质和多肽类药物本身的性质以及人体对其产生的各种屏障作用,一般以注射形式进行给药如注射剂胰岛素。但是注射给药形式存在对注射部位产生强烈刺激及病人依从性低的问题,尤其对于慢性疾病而言,长期注射会给病人带来极大的痛苦。因此,发展蛋白质和多肽类药物非注射给药途径是大势所趋也是未来研究药物制剂学的主要方向。

如前所述,蛋白质和多肽类药物以口服制剂形式进行给药的过程中面临的问题主要有两个:一是胃肠道内的酶对蛋白质和多肽的降解;二是蛋白质和多肽分子对肠道黏膜的低通透性。

(三) 生物药物片剂的解决办法

为了克服上述问题,目前蛋白质和多肽类药物的片剂口服给药方式应运而生。对于蛋白质和多肽类药物片剂而言,关键技术在于对片剂包衣的修饰及对于蛋白质和多肽类药物自身相对分子质量的控制。首先对片剂包衣的修饰可以采用利用 pH 差异的原理,将外部包衣进行修饰,使之无游离氨基存在,失去与胃酸的结合能力,只能在肠液中溶解,从而达到延缓释放的效果。另外一个方面,在蛋白质或多肽类药物制备的过程中,提高蛋白质或多肽的纯度,减少蛋白质类药物的化学修饰基团,降低自身的相对分子质量。

(四) 生物药物片剂的制备

生物药物片剂的制备方法按制备工艺可分为以下几类:

1. 湿法制粒压片法　以重组人干扰素 α2b 阴道泡腾片为例,将淀粉、酒石酸、硼酸分别于 60℃ 干燥 2h,过 100 目筛,将 PVPk30 溶于水中制成 5% 的溶液,称取酒石酸 7.0g、硼酸

14.0g,加入淀粉 10.5g 混匀,加入干扰素原液 0.64ml(含干扰素 $1.0×10^8$ U),混匀,再用 5% 的 PVPk30 水溶液做黏合剂制软材,过 20 目筛制粒。另取碳酸氢钠 15.0g,加入淀粉 10.5g,用 5% 的 PVPk30 水溶液做黏合剂制软材,过 20 目筛制粒。两种颗粒分别于 42~45℃鼓风干燥 4~6h,测定水分含量为 0.5%~1.0% 时取出,过 20 目筛整粒,加入硬脂酸镁 1.0g、羧甲基淀粉钠 2.0g 混匀,用椭圆的异形冲模压片。

2. 干法制粒压片法　是将干法制粒的颗粒进行压片的方法。

3. 半干式颗粒压片法　是将药物粉末和预先制好的辅料颗粒(空白颗粒)混合进行压片的方法。

该法适合于对湿热敏感,不宜制粒而且压缩成形性差的药物,也可用于含药较少的物料。这些药可借助铺料的优良压缩特性顺利制备片剂。

(五) 生物药物片剂的质量检查

1. 重量差异 照下述方法检查,应符合规定　取供试品 20 片,精密称量总重量,求得平均片重后,再分别精密称定每片的重量,每片重量与平均片重相比较(凡无含量测定的片剂,每片重量应与标示片重比较),按表中的规定,超出重量差异限度的不得多于 2 片,并不得有 1 片超出限度 1 倍,见表 5-2。

表 5-2　片剂重要差异要求

平均片重或标示片重	重量差异限度
0.30g 以下	±7.5%
0.30g 及 0.30g 以上	±5%

糖衣片的片心应检查重量差异并符合规定,包糖衣后不再检查重量差异。薄膜衣片应在包薄膜衣后检查重量差异并符合规定。

凡规定检查含量均匀度的片剂,一般不再进行重量差异检查。

2. 崩解时限 照崩解时限检查法检查,应符合规定

(1) 阴道片照融变时限检查法检查,应符合规定。

(2) 咀嚼片不再进行崩解时限检查。

凡规定检查溶出度、释放度的片剂,不再进行崩解时限检查。

3. 发泡量 阴道泡腾片照下述方法检查应符合规定　取 25ml 具塞刻度试管(内径 1.5cm)10 支,各精密加水 2.0ml,置于 37.0℃±1.0℃ 水浴中 5min 后,各管中分别投入供试品 1 片,密塞,20min 内观察最大发泡量的体积,平均发泡体积应不少于 6ml,且少于 3ml 的不得超过 2 片。

4. 分散均匀性 分散片照下述方法检查,应符合规定　取供试品 6 片,置于 250ml 烧杯中,加 15.0~25.0℃ 的水 100ml,振摇 3min,应全部崩解并通过二号筛。

5. 微生物限度　口腔贴片,阴道片,阴道泡腾片和外用可溶片等局部用片剂照微生物限度检查法检查,应符合规定。

除应符合片剂项下质量检查外,还应主要进行下列项目等检查:

1. 生物学活性　应为标示量的 80%~150%。

2. 残余抗生素活性　不应有残留氨苄西林或其他抗生素活性。

3. 细菌内毒素 符合细菌内毒素检查规定。

第三节 滴 眼 剂

一、概 述

(一) 滴眼剂定义

系指由药物与适宜辅料制成的供滴入眼内的无菌液体制剂。可分为水性或油性溶液、混悬液或乳状液。

(二) 滴眼剂分类

滴眼剂按其用法,可分为滴眼剂、洗眼剂和眼内注射剂三种。

1. 滴眼剂(eye drop, ophthalmic solution) 是指将药物和适宜辅料混合后制成的供滴入眼内的无菌液体制剂,分为水性或油性澄清溶液、混悬液或乳状液。对于在溶液中不稳定的药物,也可将药物以粉末、颗粒、块状或片状形式包装,另备溶剂,在临用前配成澄清溶液或混悬液。滴眼剂每个容器的装量,除另有规定外,应不超过 10ml。

2. 洗眼剂(eye lotion) 系指由药物制成的供冲洗眼部异物或分泌液,中和外来化学物质和分泌物的无菌澄清水溶液。洗眼剂每个容器的装量,除另有规定外,应不超过 200ml。一般应加适当抑菌剂并在试用期间均能发挥抑菌作用。

3. 眼内注射溶液 是指供眼周围组织(包括球结膜下、筋膜下及球后)或眼内(包括前房注射、前房冲洗、玻璃体内注射、玻璃体内灌注等)注射的由药物和适宜辅料制成的无菌澄清眼用液体注射制剂。眼用注射液可在局部达到较高药物浓度,更好地发挥治疗作用。

二、生物药物滴眼剂

生物药物滴眼剂因为其携带方便、患者接受度好等特点,而被广大患者所接受,现已经有一定数量的生物药物滴眼剂在市场上出现。例如:重组人干扰素 α1b 滴眼剂和重组人干扰素 α2b 滴眼剂等。

(一) 生物药物滴眼剂药物代谢机制

滴眼剂药液大部分流入鼻腔,少部分通过浸润直接作用在局部细胞由结膜血管吸收;另一方面只有 $1.0\% \sim 2.0\%$ 通过水溶或(和)脂溶的方式进入结角膜组织被结膜血管吸收后入血;同时少许滴眼液进入眼内。

所以总的吸收途径大致可以分为两种:角膜→前房→虹膜。结合膜→巩膜。具体代谢机制如图5-4所示。

(二) 生物药物滴眼剂所面临的问题

正常条件下存在诸多的因素使得生物药物难以通过滴眼剂的给药形式在人体进行吸收。

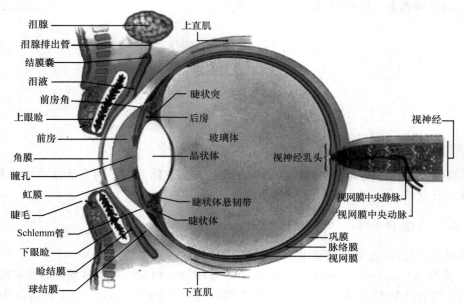

图 5-4　滴眼剂代谢机制图

（1）大部分药物从眼睑缝隙流出造成损失。

（2）结膜内含有许多血管与淋巴管,当外来物产生一定的刺激性时,血管扩张,药物在外周血管引起消除作用,随后药物在外周血管被快速消除,甚至有可能引起全身的副作用。

（3）pH 与 pKa

1）油水双溶性的药物最易透过角膜,但是蛋白质类药物主要以水溶性居多。

2）在 pH 7.4 泪液的环境中,生物碱类药物分子的分子态与离子态共存,因此易透过角膜。

3）滴眼剂的 pH 与药物的 pKa 会影响药物的吸收。

（4）表面张力:滴眼剂液体表面张力的增加使得滴眼剂的损失加大。

（5）黏度:滴眼液的黏度对药物的吸收有较大影响。

（三）生物药物滴眼液的特点

针对以上存在的生物药物滴眼剂问题,可以从以下几个方面进行改良:

（1）减小生物药物滴眼剂药物分子的相对分子质量,使之更容易透过血眼屏障,在体内进行代谢。

（2）减少生物药物对眼部的刺激性,从而减少药物损失。

（3）调节生物药物的 pH,使之更容易透过角膜组织。

（4）减小生物药物滴眼剂液体的表面张力。

（5）适当增加生物药物滴眼剂尤其是蛋白质多肽类药物液体的黏度,利于吸收。

（6）正确操作减少滴眼液的损失。

（四）生物药物滴眼剂的制备

滴眼剂的制备分三种情况:

1. 药物性质稳定的滴眼剂 按滴眼剂的一般生产工艺生产,在无菌环境中配制、分装,可加抑菌剂。包装容器为直接滴药的滴眼瓶。若药物稳定,可在分装前,首先装在大瓶装中后灭菌,然后在无菌条件下进行分装。

2. 主药不耐热的滴眼剂 全部按照无菌操作法制备。

(1) 血管抑素滴眼剂的制备:眼部新生血管性疾病是多种致病因素所致的眼部并发症,是损害视力的主要因素之一,包括各种原因引起的脉络膜血管新生、糖尿病引起的视网膜病变及由于烧伤或移植而引起的角膜血管新生等。作为一种血浆纤溶酶原的降解片段,血管抑素(angiostantinAs)以其强大的抗血管生成作用受到了人们的极大关注。

配制含 0.1% 制备量的玻璃酸钠(滴眼液级)的磷酸盐缓冲溶液适量,称取 0.01% 制备量的苯扎氯铵,溶解于适当体积的磷酸盐缓冲液中,加入玻璃酸钠溶液,然后在其中加入质量分数为 0.1% 的 EDTA-Na_2(乙二胺四乙酸二钠盐),充分混匀,补加注射用水至制备量,即得血管抑素滴眼剂赋形剂溶液。将血管抑素滴眼剂赋形剂溶液于超净工作台中用 0.22μm 微孔滤膜除菌过滤得无菌血管抑素滴眼剂赋形剂溶液。量取适当体积无菌赋形剂溶液溶解适量重组人 Kringle 1~3 血管抑素原料药,涡旋震荡至澄清透明,配制质量分数为 0.01%(即质量浓度为 100pg/ml)血管抑素滴眼剂若干,封装后即得重组人 Kringle 1~3 血管抑素滴眼剂。

(2) 结果评价

1) 性状测定结果:制备的血管抑素滴眼液为无色澄清透明液体,按照《中国药典》关于澄明度及可见异物的检查法进行测定,经检查血管抑素滴眼剂符合此标准。血管抑素滴眼液 pH 为 7.35,符合人眼对滴眼剂酸碱度的要求,经用数字贝克曼温度计测定重组人 Kringle 1~3 血管抑素滴眼剂渗透压,结果显示其与泪液等渗。在以上制备工艺中 0.1% 玻璃酸钠的加入使重组人 Kringle1~3 血管抑素滴眼剂的黏度维持在合适水平(4.0~5.0cPa·s),延长了滴眼剂眼内滞留时间,促进了滴眼剂在眼内的分布。

2) 刺激性结果:在药物安全性评价中,Draize 试验是评价眼刺激性的主要方法,结果显示血管抑素滴眼剂给药组与赋形剂组各时间点的 Draize 评分均<3 分,表明血管抑素滴眼剂对兔眼几乎没有刺激性。各组在给药期间兔眼的主要表现与给药前表现基本相同,即结膜轻度充血,偶有少量分泌物等。

3) 稳定性结果:制得的重组人 Kringle1~3 血管抑素滴眼剂在不同温度条件下存放 5 个月时,其外观及澄明度并没有发生变化,理化性质稳定,无沉淀产生。

在含量考察方面,与 0 个月(对照组)吸光度相比,重组人 Kringle1~3 血管抑素滴眼剂 4℃ 条件下保存 5 个月的吸光度值与 0 个月(对照组)相比降低明显,具有统计学差异($P<0.05$),而 -20℃ 条件下的各时间点吸光度则无显著性差异($P>0.05$);同时,-20℃ 条件下 1 个月、3 个月、5 个月含量降低值均低于 4℃ 条件下对应时间点的含量降低值;另外,-20℃ 条件下各时间点吸光度均高于 4℃ 条件下对应时间点的吸光度。通过以上的实验结果,表明重组人 Kringle1~3 血管抑素滴眼剂在低温条件下更有利于保持滴眼剂的稳定性,且 -20℃ 低温条件与 4℃ 条件相比更有利于保持血管抑素滴眼剂的活性和稳定性。

3. 用于眼部手术或眼外伤的滴眼剂 按安瓿剂生产工艺进行,制成单剂量剂型,保证完全无菌,不加抑菌剂或缓冲剂。洗眼液按输液生产工艺制备,用输液瓶包装。

玻璃制滴眼瓶、橡胶塞的处理与输液用橡胶塞处理相似,玻璃瓶可在重铬酸钾清洁液中浸泡 4~8h 后清洗,最后用滤过澄明的纯化水冲洗灭菌备用。

（五）生物药物滴眼剂的质量检查

1. 可见异物　除另有规定外,滴眼剂照可见异物检查法中滴眼剂项下的方法检查,应符合规定,眼内注射溶液照可见异物检查法中注射液项下的方法检查应符合规定。

2. 混悬型滴眼剂检查可见异物的方法　取供试品强烈震荡,立即量取适量(相当于主要 $10\mu g$)置于载玻片上,照粒度和粒度分布测定法检查,大于 $50\mu m$ 的粒子不得超过 2 个,且不得检查出大于 $90\mu m$ 的粒子。

3. 沉降体积比　混悬型滴眼剂照下述方法检查,沉降体积比应不低于 0.90。

除另有规定外,用具塞量筒量取供试品 50ml,密塞用力震荡 1min 记下混悬物的开始高度 H_0 静置 3h,记下混悬物的最终浓度 H,按照下式计算沉降体积比=H/H_0。

4. 装量　眼用半固体或液体制剂,照最低装量检查法检查应符合规定。

5. 渗透压摩尔浓度　除另有规定外,水溶液性滴眼剂、洗眼剂和眼内注射溶液按各品种项下规定的渗透压摩尔浓度测定法检查,应符合规定。

6. 无菌　照无菌检查法检查,应符合规定。

除应符合栓剂项下质量检查外,以重组人干扰素 α1b 滴眼液为例,还应进行下列项目检查:

（1）原液检定:①生物学活性;②蛋白质含量;③比活性:为生物学活性与蛋白质含量之比,每 1.0mg 蛋白质应不低于 $8.0×10^6IU$;④纯度:用非还原型 SDS-聚丙烯酰胺凝胶电泳法,分离胶浓度为 15.0%,加样量应不低于 10.0μg(考马斯亮蓝 R250 染色法)或 5.0μg(银染法)。经扫描仪扫描,纯度应不低于 80.0%,50kD 以上杂蛋白应不高于 10%;⑤分子量:用还原型 SDS-聚丙烯酰胺凝胶电泳法,分离胶浓度为 15.0%,加样量应不低于 1.0μg,制品的分子质量应为 19.4kD±1.94kD;⑥鼠 IgG 残留量:如采用单克隆抗体亲和色谱法纯化,应进行本项检定,每 1 支使用剂量,对老鼠 IgG 残留量应不高于 100.0ng。

（2）半成品检定:①生物学活性:应为标示量的 80.0%~150.0%;②无菌检查。

（3）成品检定:①鉴别试验:按免疫印迹法或免疫斑点法测定,应为阳性。②物理检定:外观应为无色或淡黄色液体;无可见异物;装量应符合标准。③化学检定:pH:应为 6.5~7.5;渗透压摩尔浓度:应按批准的标准执行。④生物学活性:应为标示量的 80.0%~150.0%。⑤无菌检查

（4）保存、运输及有效期:于 2~8℃ 避光处保存和运输。自生产完成之日起,按批准的有效期执行。

（5）使用说明:应符合《生物制品包装规程》规定。

第四节　栓　　剂

一、概　　述

（一）定义

栓剂(suppository)指药物与适宜基质制成的具有一定形状的用于人体腔道内给药的固体制剂。栓剂在常温下为固体,塞入腔道后,在体温下能迅速软化熔融或溶解于分泌液,逐

渐释放药物而产生局部或全身作用。

（二）分类

1. 按给药途径分类　按照给药途径不同,栓剂可以分为直肠用、阴道用、尿道用栓剂等,具体划分如尿道栓、肛门栓、牙用栓、阴道栓等,其中最常用的是阴道栓和肛门栓。为适应机体的应用部位,栓剂的性状和重量各不相同,一般均有明确规定。

（1）肛门栓:肛门栓有圆锥形、圆柱形、鱼雷形等形状。每颗重量约 2.0g,长 3.0～4.0cm,儿童用约 1.0g。其中以鱼雷形较好,塞入肛门后,借助括约肌的收缩使得栓剂压入直肠内。肛门栓所包含的药物只能发挥局部治疗作用。

（2）阴道栓:阴道栓有球形、卵形、鸭嘴形等形状,每颗重量约 2.0～5.0g,直径 1.5～2.5cm,其中以鸭嘴形的表面积最大。

（3）尿道栓有男女之分,男用的重约 4.0g,长 1.0～1.5cm;女用重约 2.0g,长 0.60～0.75cm。以上所述栓剂的重量是以可可豆脂为基质制成的,若基质比重不同,栓剂重量亦不同。

2. 按制备工艺与释药特点分类

（1）双层栓:分为两种,一种是内外层含不同药物,另一种是分为上下两层,分别使用水溶或脂溶性基质,将不同药物分隔在不同层内,控制各层的溶化,使药物具有不同的释放速度。

（2）中空栓:制备栓剂过程中内部中空部分填充各种不同的固体或液体药物,溶出速度比普通栓剂要快,从而达到快速释药目的。

（3）控、缓释栓:微囊型、骨架型、渗透泵型、凝胶缓释型。

（三）栓剂特点

（1）药物不受或很少受胃肠道 pH 影响或酶的破坏。
（2）有效避免药物对胃黏膜的刺激性。
（3）中下直肠静脉吸收可避免肝脏首过作用。
（4）适宜于不能或不愿口服给药的患者。
（5）可在腔道起润滑、抗菌、杀虫、收敛、止痛、止痒等局部作用。
（6）适宜于不宜口服的药物。

（四）栓剂的基质

1. 栓剂基质的要求

（1）在室温条件下应有适当的硬度,当塞入腔道时不变形,不碎裂,在体温下易软化、熔化或溶解。
（2）不与主药起反应,不影响主药的含量测定。
（3）对黏膜无刺激性,无毒性,无过敏性。
（4）理化性质稳定,在贮藏过程中不易霉变,不影响生物利用度等。
（5）具有润湿及乳化的性质,能混入较多的水。

2. 栓剂基质的种类　栓剂常用基质分为油脂性基质和水溶性基质。油脂性基质包括:①可可豆脂。②半合成或全合成脂肪酸甘油酯。水溶性基质包括:①甘油明胶②聚乙二醇类。

二、栓剂在生物药物中的应用

生物药物栓剂因为其使用方便、患者接受度好等特点,目前已上市使用的生物药物栓剂有:重组人干扰素 α1b 栓剂、重组人干扰素 α2b 栓剂等,用于治疗宫颈糜烂等疾病外用药物的首选。

(一) 生物药物栓剂代谢机制

生物药物栓剂按照作用部位的不同可以在局部发挥作用,例如重组人干扰素 α2b 阴道栓剂可通过阴道黏膜上皮吸收,直接在局部发挥抗病毒作用,进入体内的干扰素一部分可以经蛋白酶分解,另一部分经尿液原型排出体外。

(二) 生物药物栓剂在给药过程中所面临的问题

1. 生理因素　结肠内容物不利于栓剂中药物的吸收,粪便充满直肠时对栓剂中药物释放有重要影响;在无粪便存在的情况下,药物有较大的机会接触直肠和结肠的吸收表面。其他情况如腹泻、结肠梗死以及组织脱水等均能影响药物在直肠部位被吸收的速率和程度。

2. pH 及直肠液对药物的吸收产生影响　直肠液是中性而无缓冲能力的,栓剂给药的形式一般不受直肠环境的影响,而溶解的药物却能决定直肠的 pH 变化。弱酸、弱碱药物比强酸、强碱、强电离药物更易吸收;分子型药物更易透过肠黏膜,而离子型药物则不易透过。

3. 药物的理化性质因素　溶解度、粒度、解离度等对直肠吸收都有影响。

4. 基质对药物作用的影响　栓剂进入腔道后,首先必须使药物从基质中释放出来,然后分散或溶解于分泌液,才能在使用部位产生吸收或达到疗效。药物从基质中释放得快,则局部浓度大作用强;反之则局部浓度小作用弱。

5. 表面活性剂在直肠给药系统中的作用　实验证明表面活性剂能增加药物的亲水性,能加速药物向分泌液中的转入,因而有助于药物的释入。但表面活性剂的浓度不宜过高,否则在分泌液中会形成胶团而使药物吸收率下降;所以表面活性剂的用量必须适当,以免适得其反。非离子表面活性剂作为直肠渗透促进剂,可降低界面张力,改善基质对表皮的湿润及药物与黏膜表面的接触,有利于直肠吸收。脂类化合物具有溶解和分散难溶性化合物的作用,起到促进吸收的作用。

(三) 生物药物检剂的特点

(1) 抗生素、多肽类等生物药物原通过注射给药达到疗效的药物需要在体内代谢之后才能进行直肠吸收,相反栓剂通过直肠给药缩短了代谢时间。

(2) 降低蛋白质、多肽类药物的相对分子质量提高溶解度和解粒度,使得药物更易于吸收。

(3) 针对不同的治疗目的选择相应的基质,以期在使用部位直接进行吸收或产生疗效。

(4) 直肠给药可以用于治疗术后疼痛及剧痛,如抗生素类栓剂的使用可以进一步减少病人的痛苦。

（5）对于全身作用的栓剂而言，为了延长药物在体内的代谢时间，直肠栓剂的给药方式对生物药物进行 PEG 化处理。

（四）生物药物栓剂的制备

重组人干扰素 α-2a 直肠栓制备方法

（1）包材处理：将包材于 75.0%乙醇溶液中浸泡 24h，控水后置于百级超净台中紫外照射 30min，间隔 30min 后，再进行紫外照射 30min。

（2）产品制备：按处方量称取硬脂和 Triton X-100，在 121.0℃条件下湿热灭菌 30min，在百级洁净区内，于 50℃条件下加入处方量重组人干扰素 α-2a 冻干粉，搅拌均匀，浇模，冷却，封口。

（五）生物药物栓剂的质量检查（中国药典三部）

1. 重量差异　照下述方法检查，应符合规定。

取供试品 10 粒，精密称定总重量，求得平均粒重后再分别精密称定各粒的重量。每粒重量与平均粒重相比较，按表中的规定超出重量差异限度的不得多于 1 粒，并不得超出限度的 1 倍。栓剂重量差异见表 5-3。

表 5-3　栓剂重量差异

平均粒重	重量差异限度
1.0g 及 1.0g 以下	±10%
1.0g 以上至 3.0g	±7.5%
3.0g 以上	±5%

凡规定检查含量均匀度的栓剂，一般不再进行重量差异检查。

2. 融变时限　除另有规定外，照融变时限检查法检查应符合规定。

3. 微生物系限度照微生物限度检查法检查，应符合规定。

除应符合栓剂项下质量检查外，以重组人干扰素 α2a 栓为例还应进行下列项目检查：

1. 原液检定

（1）生物学活性

（2）蛋白质含量

（3）比活性：为生物学活性与蛋白质含量之比，每 1mg 蛋白质应不低于 $1.0 \times 108IU$。

（4）纯度

1）电泳法：用非还原型 SDS-聚丙烯酰胺凝胶电泳法，分离胶胶浓度为 15.0%，加样量应不低于 10.0μg（考马斯亮蓝 R250 染色法）或 5.0μg（银染法）。经扫描仪扫描，纯度应不低于 95.0%。

2）高效液相色谱法：色谱柱以适合分离分子质量为 5.0~60.0kD 蛋白质的色谱用凝胶为填充剂；流动相为 0.1mol/L 磷酸盐－0.1mol/L 氯化钠缓冲液，pH 7.0；上样量不低于 20.0μg，于波长 280.0nm 处检测，以干扰素色谱峰计算理论板数应不低于 1000.0。按面积归一化法计算，干扰素主峰面积应不低于总面积的 95.0%。

（5）分子量：用还原型 SDS-聚丙烯酰胺凝胶电泳法，分离胶胶浓度为 15.0%，加样量应不低于 1.0μg，制品的分子质量应为 19.2kD±1.92kD。

（6）外源性 DNA 残留量：每 1 支给药剂量应不高于 10.0ng。

（7）鼠 IgG 残留量：如采用单克隆抗体亲和色谱法纯化，应进行本项检定。每 1 支给药剂量对老鼠 IgG 残留量应不高于 100.0ng。

（8）宿主菌蛋白残留量：应不高于总蛋白质的 0.1%。

（9）残余抗生素活性：不应有残余氨苄西林或其他抗生素活性。

（10）等电点：主区带应为 5.5~6.8，供试品的等电点与对照品的等电点图谱一致。

（11）紫外光谱扫描：用水或生理氯化钠溶液将供试品稀释至约 100.0μg/ml ~ 500.0μg/ml，在光路 1.0cm、波长 230.0nm~360.0nm 下进行扫描，最大吸收峰波长应为 278.0nm±3.0nm。

（12）肽图：应与对照品图形一致。

（13）N-末端氨基酸序列（至少每年测定 1 次）：用氨基酸序列分析仪测定，N-末端序列应为：（Met-Cys-Asp-Leu-Pro-Gln-Thr-His-Ser-Leu-Gly-Ser-Arg-Arg-Thr-Leu）。

2. 成品检定　除外观、重量差异、融变时限测定外，应按经批准的方法预处理供试品后，进行其余各项检定。

（1）鉴别试验：按免疫印迹法或免疫斑点法测定，应为阳性。

（2）物理检查：①外观：应为白色或黄色栓剂，外形应均匀、光滑，质硬；②重量差异；③融变时限。

（3）pH：应为 6.5~7.5。

（4）生物学活性：应为标示量的 80.0%~150.0%。

（5）微生物限度检查

3. 保存、运输及有效期　于 2.0~8.0℃避光处保存和运输。自栓剂成型之日起，按批准的有效期执行。

4. 使用说明　应符合《生物制品包装规程》规定和批准的内容。

第五节　颗　粒　剂

一、概　　述

（一）颗粒剂定义

颗粒剂（granules）是指将适宜的辅料与药物粉末混合而制成的具有一定粒度的干燥颗粒状制剂。

（二）颗粒剂分类

根据颗粒剂在水中的溶解情况可分为可溶性颗粒剂、混悬性颗粒剂和泡腾性颗粒剂：

（1）可溶性颗粒剂是指可溶性固体药物与适宜辅料制成的具有一定粒度的干燥颗粒剂。

（2）混悬性颗粒剂系指难溶性固体药物与适宜辅料制成的具有一定粒度的干燥颗粒剂。临用前加水或其他适宜的液体振摇即可分散成混悬液供口服。

（3）泡腾性颗粒剂系指含有碳酸氢钠和有机酸类物质,遇水后可放出大量气体而呈泡腾状的颗粒剂。

（三）颗粒剂特点

（1）附着性、聚集性、飞散性、吸湿性等均较小。

（2）服用方便,适当加入芳香剂、矫味剂、着色剂可制成色、香、味俱全的药剂。

（3）必要时可以使用包衣或制成缓释制剂;但由于颗粒剂粒子大小不一,在用容量法分剂量时不易得到准确结果,同时几种密度不同、数量不同的颗粒相互混合时,容易发生分层现象。

二、生物药物颗粒剂

现如今已经有一定数量的生物药物颗粒剂在市场上出现。例如:盐霉素颗粒剂。但是总体而言,由于生物药物自身性质的局限和颗粒剂给药形式的特点,目前生物药物颗粒剂上市产品仍然不多。

（一）生物药物颗粒剂代谢机制

颗粒剂或散剂口服后没有崩解过程,迅速分散后具有较大的比表面积,因此药物的溶出、跨生物膜、吸收和奏效等过程较快。颗粒剂经过温水溶解送服之后,通过食道进入胃部,由于颗粒剂并没有囊壳或包衣的保护,所以进入胃中后,药物分子可以直接通过胃肠黏膜吸收进入血液循环中,具体代谢机制如图 5-5 所示。

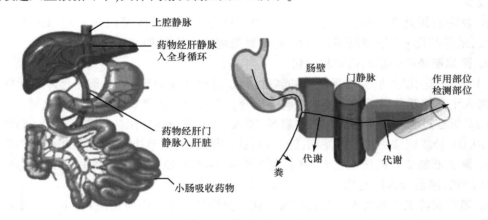

图 5-5　颗粒剂代谢机制图

（二）生物药物颗粒剂面临的主要问题

如前所述,蛋白质和多肽类药物以口服制剂形式进行给药的过程中面临的问题主要有两个:①胃肠道内酶对蛋白质和多肽的降解,难以吸收。②蛋白质和多肽分子对肠道黏膜的低通透性。

（三）生物药物颗粒剂的缺点

目前尚无蛋白质和多肽类颗粒剂上市,蛋白质和多肽类药物用于颗粒剂口服给药方式的研究是通过对蛋白质分子进行修饰如 PEG 化,从而延长蛋白质或多肽分子在体内的代谢时间;另一方面,通过细菌发酵产生的抗生素类生物药物将其制成颗粒剂具有工艺简单、易于保存的特点,现在已经有一部分抗生素类药物制成颗粒剂出现在市场。

（四）生物药物颗粒剂的制备

盐霉素是一种动物专用的抗生素,在动物医学的研究尤其是在兽药的制造和应用的过程中得到了广泛的应用。盐霉素的广泛应用主要是由于盐霉素抗生素的抗菌效果良好;且在动物的体内不会产生大量的药物残留;同时与其他的兽用抗生素相比,其生产工艺较为简单;所需原料的价格低廉容易购得,在市场经济的发展过程中体现出了较优越的发展前景。但是,在进行盐霉素颗粒剂生产和制作的过程中,同时也受到诸多因素的影响,其中包括发酵液预处理及参数优化等,所以可以对生产过程中的相关操作进行必要的优化,从而提高生产效率。

1. 盐霉素的产生　采用白色链霉菌制备。

2. 盐霉素生产菌的生理特性

（1）碳源利用:从白色链霉菌碳源利用的具体特征上来看,葡萄糖、半乳糖等碳源的利用程度较高。

（2）氮源利用:盐霉素的发酵水平主要受到菌种选育和培养条件的制约,氮源利用对盐霉素的发酵情况有较大的影响。

（3）盐霉素的发酵:我国现有的盐霉素的发酵过程较为复杂且效率较低,多应进行相应的改良。

3. 发酵液预处理　通过多批次试验,确定最适当盐霉素发酵液预处理温度为 $61.0 \sim 64.0$℃,最佳酸化 pH 控制范围为 $3.6 \sim 4.4$,预处理收率达到 97.0% 以上。

4. 菌浆制备中的辅料选择和优化

（1）液碱皂化除油:要增强液碱的碱性指数,进行除油处理,如果条件允许的话就可以不再加入十二烷基苯磺酸钠以及水玻璃等成分。例如可以将氢氧化钠作为皂化剂。

（2）板框过滤工艺需要加入相关辅料:加入 2.0% 重量体积比的珍珠岩、2.0% 硅藻土和 $6.0 \sim 10.0$% 轻质碳酸钙作为助滤剂,轻质碳酸钙同时起到调节盐霉素含量的辅料作用。

5. 菌浆液制备　最佳工艺为 pH 控制范围 $8.5 \sim 9.5$,使油脂充分皂化,加入适当比例的轻质碳酸钙,菌浆液含固量达到 $25.0 \sim 30.0$% 。

6. 喷雾制粒工艺相关底料的选择及优化　分析现有工艺中所用底料,主要为沸石粉和玉米粉,玉米粉的比重较轻,导致产品比重低,为了改进比重问题,一方面可以采取加大沸石粉用量的方法,同时购进不同粒度的膨润土和重钙逐一进行试验。经实验摸索,喷雾制粒的底料配比为玉米粉 50.0kg,膨润土 100.0kg,重钙加量 80.0kg。

（五）生物药物颗粒剂的质量检查

1. 粒度　除另有规定外,照粒度和粒度分布测定法检查,不能通过一号筛与能通过五号筛的总和不得超过供试量的 15.0% 。

2. 干燥失重　除另有规定外,照干燥失重测定法,与 105.0℃ 干燥至恒重,含糖颗粒应在 80.0℃ 减压干燥,重量差异不得超过 2.0%。

3. 溶化性　除另有规定外,可溶颗粒和泡腾颗粒照下述方法检查,溶化性应符合规定。

4. 可溶颗粒检查法　取供试品 10.0g,加热水 200.0ml,搅拌 5.0min,可溶颗粒应全部溶化或轻微浑浊,但不得有异物。

5. 泡腾颗粒检查法　取单剂量包装的泡腾颗粒 3 袋,分别置盛有 200.0ml 水的烧杯中,水温为 15.0~25.0℃,应迅速产生气体而产生泡腾状,5.0min 内颗粒均应完全分散或溶解在水中。

混悬颗粒或已规定检查溶出度或释放度的颗粒剂,可不进行溶化性检查。

6. 装量差异　单剂量包装的颗粒剂按下述方法检查,应符合规定。

取供试品 10 袋(瓶),除去包装,分别精密称定每袋(瓶)内容物的重量,求出每袋(瓶)内容物的装量与平均装量。每袋(瓶)装量应与标示装量比较,超出装量差异限度的颗粒剂不得多于 2 袋(瓶),并不得有 1 袋(瓶)超出装量差异限度 1 倍。装量差异要求见表 5-4。

表 5-4　颗粒剂装量差异要求

平均装量或标示装量	装量差异限度
1.0g 及 1.0g 以下	±10%
1.0g 以上至 1.5g	±8%
1.5g 以上至 6.0g	±7%
6.0g 以上	±5%

凡规定检查含量均匀度的颗粒剂,一般不再进行装量差异的检查。

7. 装量　多剂量包装的颗粒剂,照最低装量检查法检查,应符合规定。

除应符合颗粒剂项下质量检查外,还应进行下列项目检查:

(1) 生物学活性:应为标示量的 80%~150%。

(2) 残余抗生素活性:不应有残留氨苄西林或其他抗生素活性。

(3) 细菌内毒素:符合细菌内毒素检查规定。

第六节　胶　囊　剂

一、概　述

(一) 胶囊剂定义

胶囊剂系指使用适宜方法对药材进行加工后,再加入适宜辅料填充于空心胶囊或密封于软质囊材中进行的给药制剂。

(二) 胶囊剂分类

依据胶囊剂的溶解与释放特性,可分为硬胶囊(通称为胶囊)、软胶囊(即胶丸)、缓释胶囊、控释胶囊和肠溶胶囊。

1. 硬胶囊（hard capsule） 是指采用适宜的制粒技术,将药物或药物与适宜辅料制成粉末、颗粒、小片或小丸等填充于空心胶囊中。

2. 软胶囊（soft gelatin capsule） 是指将一定量的液体药物直接包封,或将固体药物溶解或分散在适宜的赋形剂中制备成溶液、混悬液、乳液或半固体后,密封于球形或椭圆形的软质囊材中。

3. 缓释胶囊（sustained release capsule） 系指在水中或规定的释放介质中能够缓慢地非恒速释放药物的胶囊剂。

4. 控释胶囊（controlled release capsule） 系指在水中或规定的释放介质中能够缓慢地恒速或接近恒速地释放药物的胶囊剂。

5. 肠溶胶囊（enteric capsules） 是指在囊壳中加入特殊的药用高分子材料或囊壳经特殊处理后,使其在胃液中不溶解,直至进入人体肠道才能崩解溶化而释放出活性成分,发挥局部或是全身治疗的作用的胶囊剂。

（三）胶囊剂特点

（1）胶囊剂的外层薄膜可掩盖药物的苦味和臭味,同时可具有各种颜色更加美观,还可印有文字加以区别,利于服用。

（2）药物的生物利用度高。

（3）提高药物的稳定性。尤其适用于对光线敏感或对潮湿、热不稳定的药物,如维生素、抗生素等。

（4）可以弥补其他固体剂型的不足。如含油量高或液态的药物难以制成丸、片剂时,可制成胶囊剂。

（5）可以延缓药物的吸收。

二、生物药物胶囊剂

近年来生物药物胶囊剂因其使用方便、患者接受度好等特点,已经广泛地被患者所使用。例如:重组人干扰素 α2b 泡腾胶囊等已经成为治疗宫颈糜烂等疾病外用药物的首选。

（一）生物药物肠溶胶囊剂的代谢机制

如前所述,与片剂类似,肠溶胶囊剂在吸收前需要经历分散、崩解、溶出、跨生物膜、吸收等过程。具体机制见图 5-6。

（二）生物药物胶囊剂所面临的问题

蛋白质和多肽类药物以口服制剂形式进行给药的过程中面临的问题主要有两个:①胃肠道内酶对蛋白质和多肽的降解;②蛋白质和多肽分子对肠道黏膜的低通透性。

（三）生物药物胶囊剂的特点

为了克服上述问题,目前蛋白质和多肽类药物胶囊剂口服给药方式应运而生。对于蛋白质和多肽类药物胶囊剂而言,关键技术在于对囊壳的修饰和对蛋白质和多肽类药物自身相对分子质量的控制。

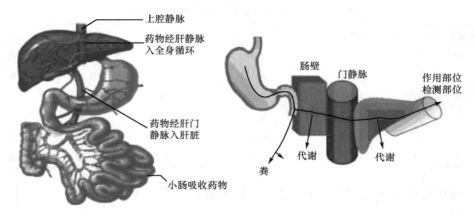

图 5-6　胶囊剂药物代谢机制图

（1）明胶与甲醛作用生成甲醛明胶，使明胶无游离氨基存在，失去与胃酸相互反应的能力，所以囊壳只能在肠液中溶解。

（2）在明胶壳表面包被肠溶衣料，如用 PVP 做底层，然后用蜂蜡等可食用辅料作外层包衣，也可用丙烯酸Ⅱ号、CAP 等溶液包衣，以上包衣均具有在胃酸作用下较为稳定且肠溶性较好的优点。

（3）在蛋白质或多肽类药物制备的过程中，提高蛋白质或多肽的纯度，减少蛋白质类药物的化学修饰基团，减少自身的相对分子质量。

（四）生物药物胶囊剂制备

以重组人干扰素 α2b 干扰素泡腾胶囊为例：

1. 硬胶囊的制备　硬胶囊的制备一般分为空胶囊的制备和填充物料的制备、填充、封口等工艺过程。

（1）空胶囊的制备：空胶囊呈圆筒状，是由帽和体两节套合的质硬而具有弹性的空囊。空胶囊的原材料：

1）明胶：制备空胶囊的主要材料是明胶。明胶是动物的皮、骨、腱与韧带中含有的胶原，经部分水解提取而得的一种复杂的蛋白质。

2）着色剂：具有使产品美观，便于鉴别，保护光敏性药物，迎合患者心理要求（如焦虑不安的患者喜欢绿色，抑郁患者则喜欢黄色）的作用。

3）增塑剂。

4）表面活性剂。

5）硅油。

（2）硬胶囊的填充

1）空胶囊的选择：目前生产的空胶囊规格从大到小分为 000（1.37ml）、00（0.95ml）、0（0.68ml）、1（0.50ml）、2（0.37ml）、3（0.30ml）、4（0.21ml）、5（0.13ml）号共 8 种，一般常用的为 0~5 号，随着号数由小到大，容积则由大变小，空胶囊的容量与几种药物的填充重量见表 5-5。

表 5-5　空胶囊的容量与几种药物的填充重量

空胶囊大小(号码)	空胶囊的近似容量/ml	硫酸奎宁/g	碳酸奎宁/g	乙酰水杨酸/g	次硝酸铋/g
0	0.75	0.33	0.68	0.55	0.80
1	0.55	0.23	0.55	0.33	0.65
2	0.40	0.20	0.40	0.25	0.55
3	0.30	0.12	0.33	0.20	0.40
4	0.25	0.10	0.25	0.15	0.25
5	0.15	0.07	0.12	0.10	0.21

2）药物与填充物料的填充：硬胶囊亦可填充微丸、片剂与半固体糊剂。

3）封口。

(五) 生物药物胶囊剂质量检查

1. 装量差异　照下述方法检查应符合规定　取供试品 20 粒，分别精密称定重量后，倾出内容物(不得损失囊壳)，硬胶囊用小刷或其他适宜用具擦拭净，软胶囊用乙醚等易挥发溶剂洗净，置通风处使溶剂自然挥尽，再分别精密称定囊壳重量，求出每粒内容物的装量与平均剂量。每粒的装量与平均装两相比较，超出装量差异限度的不得多于 2 粒，并不得有 1 粒超出限度 1 倍，差异要求见表 5-6。

表 5-6　胶囊剂装量差异

平均装量	装量差异限度
0.30g 以下	±10%
0.30g 及 0.30g 以上	±7.5%

凡规定检查含量均匀度的胶囊剂，一般不再进行装量差异的检查。

2. 崩解时限　除另有规定外，照崩解时限检查法检查，均应符合规定。

凡规定检查溶出度或释放度的胶囊剂，可不进行崩解时限的检查。

除应符合胶囊剂项下质量检查外，还应主要进行下列项目等检查：

（1）生物学活性：应为标示量的 80% ~ 150%。

（2）残余抗生素活性：不应有残留氨苄西林或其他抗生素活性。

（3）细菌内毒素：符合细菌内毒素检查规定。

第六章　经皮给药系统

第一节　概　　述

经皮给药领域发展迅速,现在在市场上已经有很多经皮给药的成熟制剂。

目前广义的经皮给药制剂包括软膏剂、硬膏剂和贴片,同时还有涂剂和气雾剂等。已经投入使用的有芬太尼透皮贴剂、东莨菪碱经皮吸收制剂、尼古丁透皮贴剂。以上剂型均具有避免胃肠道酶解和肝脏首过效应、降低毒副作用、改善病人的顺应性、随时可中断给药以及延长药物对慢性疾病的治疗时间并且使药物在可控的范围内渗透进入皮肤等优点。但是在针对一些大分子药物如肽类和蛋白质药物时,传统类型的经皮给药制剂仍无法达到很好的疗效。因此如何能够提高大分子药物药效的经皮给药形式成为了研究热点。

为进一步增加经皮给药药物针对皮肤的渗透作用,使得药物可以更好地透过角质层这层皮肤的屏障,从而更好地发挥作用,目前已经有很多关于机制的研究。例如应用电子渗透疗法使得药物分子更加容易地通过皮肤进入到患者体内;或利用超声促渗技术等目前较为主导的方法来使得药物更均匀地分布在角质层这层屏障,从而促进药物的渗透率。

(一) 经皮给药定义

经皮给药(transdermal drug delivery systems TDDS)是指药物通过皮肤吸收后使药物分子按照一定的速度进入到血液循环中。其与皮下注射与空腹给药共同作为主要的给药方式被广泛使用。

(二) 经皮给药分类

经皮给药目前分为凝胶剂、软膏剂、贴剂、脂质体以及传递体等多种剂型,本章将就以上几种剂型介绍其在生物药物制剂中的应用。

(三) 经皮给药的特点

(1) 经皮给药方式温和,不仅避免患者对注射用针的恐惧并且避免了非肠道给药的痛苦。

(2) 经皮给药方式可以避免口服给药过程中肝脏以及胃肠道对药物的首过效应,使药物发挥作用。

(3) 经皮给药方式可以长期给药,对患者提供了极大的便利。患者不需要携带静脉注射的仪器设备进行给药。

(四) 促渗透方法的研究进展

药物经皮吸收的关键在于能否经皮肤到达局部或全身的作用部位。皮肤是人体最大的器官,包覆在人体最外层。很多药物在起效的过程中,皮肤是难以穿透的屏障,许多药物缺乏足够的皮肤渗透性。随着经皮给药方法研究的深入,如何促进药物对皮肤的渗透成为研究中至关重要的问题。现阶段主要的促进药物经皮渗透方法包括物理促渗透方法和化学促渗透方法。

1. 物理促渗透方法　　目前国内外主要研究的是电穿孔法、超声法和超导法。

（1）电穿孔法：电穿孔法是通过瞬间高压脉冲电场使皮肤角质层产生暂时的水性通道，从而药物可快速通过这些水性通道，缩短经皮渗透的时滞。

（2）超声法：超声波分为高频超声和低频超声，主要利用超声波的热效应、机械效应、空化效应和辐射压力效应来促进皮肤对药物的渗透性。

（3）超导法：超声电导靶向给药治疗技术是将电致孔技术、超声空化技术、离子导入技术等物理技术联合起来应用，产生协同作用与此同时促进药物透皮吸收，并提高给药靶向性和病人顺应性的新方法。

2. 化学促渗透方法　　化学促渗透是应用不同种类促渗透剂改变皮肤的超微结构，从而达到增加药物通透性的目的，与物理促渗透方法相比更简便、经济，实用性更强。理想的促渗剂应对皮肤及机体无毒、无刺激、无药理作用，与药物以及其他附加剂不发生反应。但是目前鉴于刺激性和毒性作用，可以真正应用于临床的促渗透剂并不多。

（五）药物透皮吸收全过程

药物透皮吸收过程主要分为三个步骤：

1. 释放　　即药物从基质中释放出来接着扩散到皮肤表面。

2. 渗透　　即药物穿过表皮进入皮肤内部，发挥局部作用。

3. 吸收　　即药物进入体循环。

（六）药物吸收途径

药物透皮吸收途径总结起来一共有三种途径：①透过完整皮肤吸收。②通过毛囊与皮脂腺吸收。③通过汗腺吸收。药物经皮吸收如图 6-1 所示

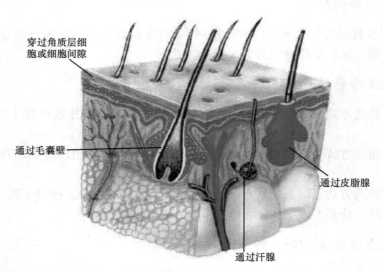

图 6-1　经皮给药吸收途径

（七）影响药物透皮吸收过程的因素

影响药物透皮吸收过程的因素有很多主要可以分为以下几种情况：

1. 不同的皮肤条件将会产生不同的吸收效果　角质层是药物透皮吸收的主要屏障,角质层的厚度不同将会直接影响药物透入。

2. 药物的不同性质决定了药物的溶解特性　脂溶性大的药物容易穿透皮肤;相对分子质量对于药物吸收也有影响,吸收速率与相对分子量之间存在反比关系。

3. 基质性质　基质与药物的亲和程度、基质与皮肤的水合作用(皮肤外层角蛋白或其降解产物与水结合的能力)等因素。

4. 渗透促进剂　加入某些极性溶剂如丙二醇等能增加药物的渗透性。

第二节　凝　胶　剂

一、概　　述

（一）凝胶剂定义

凝胶剂（gelata）是指药物与能形成凝胶的辅料制成的均一、混悬或乳剂型的乳胶稠厚液体或半固体制剂。

（二）凝胶剂的分类

目前凝胶的分类主要根据所使用的分散介质以及凝胶材料的成分进行分类,见图6-2。

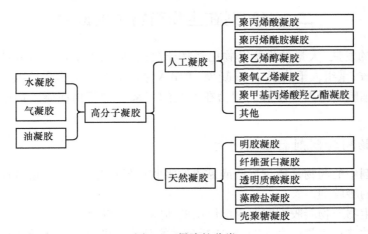

图6-2　凝胶的分类

（三）凝胶有以下几个特点

（1）其骨架结构是由高分子三维交织结构组成。

（2）该骨架能够实现对相应分散介质的包容复合。

（3）该材料形成的过程包括了凝胶材料包容固化分散介质的过程。

（四）凝胶剂基质

凝胶剂的基质有黏附剂、防腐剂、促渗剂、pH 调节剂、抗氧剂等,而在这些辅料中黏附剂的选择尤为重要。促进凝胶体形成是辅料的主要用途,这样可以增加制剂的黏附力并且使给药系统更加稳定。

1. 黏附剂　黏附剂的选择是黏附凝胶剂制备的关键点。可以作为释药系统的黏附材料有天然以及合成的聚合物,比如:天然聚合物有明胶、果胶、阿拉伯胶等;合成聚合物有 PVP、CMC-Na 等。

2. pH 调节剂　当采用羟丙基纤维素(CP)作为黏附剂时,因为它是一种全合成聚丙烯酸化合物,含有大量的游离羧基,因此具有一定酸性。当 pH 大于 4 时,其羧基会解离,聚合物溶胀,黏度也就随之增加;当 pH 为 8 时,解离过程基本完成,黏度也最大。所以在制备凝胶的过程中需要加入 pH 调节剂,从而调节黏度。

3. 防腐剂　凝胶作为一种半固体制剂,非常容易被微生物所感染,在潮湿的环境中尤为明显。因此要加入适量防腐剂,可以起到杀菌、抑菌的作用。要根据环境的具体情况选择合适的防腐剂。

4. 稳定剂　为防止药物因为环境的原因被氧化,制剂中通常会加入抗氧剂、金属离子螯合剂等作为稳定剂,常用稳定剂有亚硫酸钠、枸橼酸、酒石酸、EDTA 等。

5. 表面活性剂　使用表面活性剂可以大大增加药物在基质中的溶解度,比如在盐酸萘替芬凝胶剂中,添加吐温-80 可以提高盐酸萘替芬的溶解度,这样药物可以在基质中均匀分布。表面活性剂还可以促进透皮制剂中药物在皮肤中的渗透,例如在非诺洛芬凝胶剂中加入 2% 桉叶油使其透皮速率最大。

二、凝胶剂在生物药物中的应用

随着科技的发展,大量的生物药物已经用于凝胶剂,目前上市并投入使用的有重组人干扰素 α2a 凝胶、重组人干扰素 α-2b 凝胶、重组人碱性成纤维细胞生长因子凝胶以及重组人粒细胞巨噬细胞刺激因子凝胶。相信在不久的将来生物药物在凝胶剂中的应用会有更进一步的发展。

（一）生物药物制剂面临的问题

（1）凝胶剂中的药物是通过皮肤或黏膜的吸收而发挥疗效,只有透过性能好的药物才能制备成优良的凝胶剂。

（2）目前生物药物凝胶剂需要更深层次的研究、开发以及利用。

（3）基质的选择仍是一个问题,要选择合适的基质才可以让生物药物达到良好的治疗效果。

（4）目前凝胶剂的制备过程较为繁琐,需要进一步的优化。

（二）生物药物凝胶剂的制备

重组人粒细胞巨噬细胞集落刺激因子凝胶剂(rhGM-CSF),是目前已经上市并投入使用的药用生物制品,是一种外用治疗溃疡、烫伤、烧伤、黏膜炎等皮肤和黏膜创面疾病的药物,由卡波姆、丙三醇、苄泽、氢氧化钠、原液、人血白蛋白和纯化水按不同重量比组成,在常温条件下制成非冻干半固体剂型,具有疗效好、使用剂量小、携带使用方便、有利于凝胶剂规模化生产的特点。

上述凝胶剂的制备方法是按一定比例将增稠剂、湿润剂、防腐剂、稳定剂和水混合,搅拌均匀,制成水溶性凝胶基质,然后在 0.08~0.15MPa 压力,100~126℃条件下,将制成的水溶性凝胶基质高压灭菌15~30min,自然冷却至室温,加入一定浓度的重组人粒细胞巨噬细胞集落刺激因子蛋白溶液和人血白蛋白溶液,制成外用凝胶剂。

(三) 生物药物凝胶剂的质量检查

1. 粒度 除另有规定外,混悬型凝胶剂取适量的供试品,涂成薄层,薄层面积相当于盖玻片面积,共涂三片,照粒度测定法检查, 均不得检出大于 $180\mu m$ 的粒子。

2. 装量 照最低装量检查法检查,应符合规定。

3. 微生物限度 照微生物限度检查法检查,应符合规定。凡规定进行无菌检查的凝胶剂,可不进行微生物限度检查。

4. 无菌 用于烧伤或严重创伤的凝胶剂照无菌检查法检查,应符合规定。

除应符合凝胶剂项下质量检查外,还应进行下列主要项目检查。

(1) 生物学活性:应为标示量的 80% ~ 150% 。

(2) 残余抗素活性:不应有残余氨苄西林或其他抗生素活性。

(3) 细菌内毒素:符合细菌内毒素检查规定。

第三节 软 膏 剂

一、概 述

(一) 软膏剂定义

软膏剂(ointment)系指药物与适宜的基质均匀混合后制成的具有一定稠度的半固体外用制剂。

(二) 软膏剂的分类

软膏剂的类型按分散系统分为三类,即溶液型、混悬型和乳剂型。根据软膏剂中药物作用的深度,大体上可分成三大类:①局限在皮肤表面的软膏剂,如防裂软膏;②透过皮肤表面,在皮肤内部发挥作用的软膏,如激素软膏、癣净软膏等;③穿透真皮而吸收入体循环,发挥全身治疗作用的软膏,如治疗心绞痛的硝酸甘油软膏等。

(三) 软膏剂特点

软膏剂多用于慢性皮肤病,对皮肤、黏膜起保护、润滑和局部治疗作用,急性损伤的皮肤不能使用软膏剂。软膏剂中的药物通过透皮吸收,也可产生全身治疗作用。

软膏剂具有以下几项特点:一是可维持稳定持久的血药浓度;二是安全可靠;三是疗效快捷;四是给药方便;五是易于推广。

（四）软膏剂基质

在软膏剂中基质不仅是软膏剂的赋形剂和药物的载体,同时还对软膏剂的质量与药物的治疗作用有重要影响,它能影响药物的理化性质、释放及在皮肤内的扩散。

软膏剂常用基质有:油脂性基质、乳剂型基质和水溶性基质三类。

1. 油脂性基质

（1）烃类:从石油中得到的各种烃的混合物,大多数为饱和烃。例如:凡士林、石蜡以及液状石蜡。

（2）类脂类:高级脂肪酸与高级脂肪醇化合而成的酯及其混合物。具有一定的吸水性,多与其他油脂性基质合用。常用的有:羊毛脂、羊毛醇、蜂蜡。

（3）油脂类:从动物或植物中得到的高级脂肪酸甘油酯及其混合物,如豚脂（1ard）、植物油（vegetable oil）等。

（4）二甲基硅油（dimethicone）:硅油或硅酮（silicon）,是一系列不同平均相对分子质量的聚二甲基硅氧烷的总称。

2. 乳剂型基质   乳剂型基质由油相、水相、乳化剂三部分组成,是在一定温度下,加热熔融的油相与水相在乳化剂的作用下形成乳剂,最后在室温下形成半固体的基质。

乳剂型基质常用的乳化剂有:皂类、高级脂肪醇与脂肪醇硫酸酯类、多元醇酯类。

3. 水溶性基质   由天然或合成的水溶性高分子物质溶解于水中形成。通常释药较快,无油腻性,易于涂布,易洗除,无刺激性;可吸收组织分泌液,适用于湿润或糜烂的创面,亦常用于腔道黏膜（如避孕软膏等）或作为防油保护性软膏基质。

常用的水溶性基质有聚乙二醇、FAPG（fatty alcohol-propylene glycol）。

4. 软膏剂常用的附加剂   根据需要,软膏剂中还可能加入附加剂,包括抗氧剂、防腐剂、保湿剂、增稠剂、吸收促进剂等。

二、软膏剂在生物药物中的应用

近年来生物药物软膏剂因其使用方便、患者接受度好等优点,已经广泛被患者所使用。例如:重组人干扰素 α-2b 干扰素软膏剂等已经成为治疗由人乳头瘤病毒引起的尖锐湿疣、单纯性疱疹病毒引起的口唇疱疹及生殖器疱疹等疾病外用药物的首选。

（一）生物药物软膏剂面临的问题

软膏剂经常用于慢性皮肤病,对皮肤、黏膜均可以起到保护、润滑和局部治疗作用,但是急性损伤的皮肤不能使用软膏剂。软膏剂中的药物通过透皮吸收,也可产生全身治疗作用。而近年来,随着生物药物的迅猛发展,软膏剂中也逐步开始添加生物药物以达到更好的治疗目的。

（1）由于皮肤病灶深浅不同,所要求发挥作用的部位也有深浅,即有些软膏需在皮肤外层发挥效用,有些软膏则需使药物渗透进入皮肤后发挥局部作用。

（2）由于所用基质的性质、病患的面积或破损的皮肤大小以及用药时间过长等因素的影响,软膏中的药物有可能被人体吸收而发生不良反应或中毒。

（3）生物药物软膏剂保存时间短。

针对以上的问题生物药物软膏剂需要进行以下的改良：

1）选择合适的基质作为载体将生物药物运载到合适的深度发挥药效。

2）生物药物软膏剂由于含有蛋白质或多肽成分，所以一般选择现用现配的方式，保持产品的新鲜有效。

3）通过对蛋白质或多肽类药物进行修饰从而延长药物的代谢时间。

（二）生物药物软膏剂的制备

以重组人干扰素 α-2b 软膏剂的制备为例：

丙三醇 600g，羧甲基纤维素钠 20g，透皮吸收促进剂适量，20% 人血白蛋白 15ml，重组人干扰素 α-2b 原液 0.5ml（5.0×10^7IU），柠檬酸缓冲液（0.4mol/L，pH = 5.0）约 350ml，总计 1000g。先将羧甲基纤维素钠用丙三醇分散，搅拌，混合均匀后，加入透皮吸收促进剂及部分柠檬酸缓冲液，继续搅拌 2min，加入人血白蛋白与重组人干扰素 α-2b 原液混合及剩余部分柠檬酸缓冲液，低速搅拌，10min 后形成均匀、细腻、黏稠的膏体即可。

（三）生物药物软膏剂的质量检查

1. 粒度　除另有规定外混悬型软膏剂取适量的供试品涂成薄层，薄层面积相当于盖玻片面积，共涂 3 片，照粒度和粒度分布测定法检查，均不得检出大于 180μm 的粒子。

2. 装量　照最低装量检查法检查，应符合规定。

3. 微生物限度　照微生物限度检查法检查，应符合规定。

凡规定进行无菌检查的软膏剂、乳膏剂可不进行微生物限度检查。

4. 无菌　除另有规定外，用于烧伤及严重创伤的软膏剂与乳膏剂，照无菌检查法检查，应符合规定。

除应符合软膏剂项下质量检查外，还应进行下列主要项目检查：

1. 生物学活性　应为标示量的 80% ~ 150%。

2. 残余抗生素活性　不应有残余氨苄西林或其他抗生素活性。

3. 细菌内毒素　符合细菌内毒素检查规定。

第四节　贴　　剂

一、概　　述

（一）贴剂定义

贴剂（patch）系指药材提取物、药材或和化学药物与适宜的基质和基材制成的供皮肤贴敷，可产生局部或全身性作用的一类片状外用制剂贴剂。其不仅具有靶向性好，避免了肝脏的首过效应的特点，同时还提高了生物利用度；而且还可产生持久、恒定和可控的血药浓度，减少给药次数和剂量。贴剂可以随时停药，这样也就减轻了不良反应。

（二）贴剂的特点

（1）透皮贴剂通过扩散而起作用，药物从贮库扩散直接进入皮肤和血液循环。透皮贴剂的作用时间由其药物含量及释药速率所定。

（2）透皮贴剂的覆盖层，活性成分不能透过，通常水也不能透过。

（3）透皮贴剂的贮库可以是骨架型或控释膜型。

（4）保护层具有防黏和保护制剂的作用，通常使用防粘纸、塑料或金属材料，当除去时，不会引起贮库及黏贴层等的剥离。

（5）当使用在干燥、洁净、完整的皮肤表面时，用手或者手指轻压，贴剂能牢牢地贴于皮肤表面，从皮肤表面除去时对皮肤应不造成损伤或引起制剂从背衬层剥离。贴剂再重复使用后对皮肤也无刺激，同时也不会引起过敏。

（三）贴剂的基质

1. 乙烯-醋酸乙烯共聚物（Ethylene vinylacetat，EVA）　是贴剂中较为常用的膜材料和骨架聚合物，为均质膜，有较好的亲水性、生物相容性和柔软性，无毒、无刺激性，易于加工成型，机械性能好，但耐油性差。

2. 压敏胶　压敏胶（Pressure sensitive adhesive，PSA）是 TDDS 中常用的胶黏剂，无需借助溶剂、热或其他手段，即可实现黏贴，并且剥离比较方便，是 TDDS 的关键材料，具有贮存药物、缓控释放的作用，使贴剂与皮肤紧密接触等作用。其主要类型包括：丙烯酸酯类压敏胶、聚乙丁烯类压敏胶以及聚硅氧烷压敏胶。

二、贴剂在生物药物中的应用

目前贴剂已经用于生物药物并且部分药物已经上市并投入使用，包括：丹麦 SmartPractice 公司生产的 Diagnostic Patch for Allergic Contact Dermatitis，商品名为曲泰斯，用于皮炎诊断；Watson Laboratories，Inc. 公司生产的 Oxybutynin Transdermal Patch 等。

（一）生物药物贴剂所面临的问题

贴剂的基质配方不当导致黏性不足的问题尤为突出，因此市场上部分贴剂需额外提供"加强贴"。配方不当主要是指基质的交联核心（包括交联骨架、交联剂和交联调节剂）各成分配比不当，或者增稠剂在体系中所占比例不正确。前者导致基质三维网状结构不能完全形成，水分不能很好地锁在三维网状结构中，从而使贴剂基质内的水分和保湿剂在贴敷过程中挥发或经皮肤吸收，不能长时间维持适宜的黏附性，后者导致增稠剂不能发挥应有的作用。

（二）生物药物贴剂的制备

热塑性弹性体（thermoplastic elastomer，TPE）是一类苯乙烯-异戊二烯-苯乙烯（styrene-isoprene-styrene，SIS）嵌段共聚物，在常温及高温下分别具有橡胶的高弹性以及塑料的可塑性，通过添加增黏树脂、增塑剂和抗氧剂等可配制成热熔压敏胶（hot melt pressure-sensitive adhesive，HMPSA），其对皮肤黏附性能较好，同时具有较高的药物释放性能，对体液有一定的吸收，揭去后皮肤无残留，具有较好的安全性和稳定性，适合用于透皮给药系统（TDDS）中药物释放的载体，能保证释药面与皮肤紧密接触，同时起到药物储库和控释的作用。

1. 睾酮药液的制备　称取定量的睾酮,加入适量的无水乙醇,超声 5min 使药物全部溶解,加入分散介质即适量的聚乙二醇 PEG200,配成终浓度为 20% 的睾酮溶液,混合均匀后密封保存。

2. 贴剂的制备　称取定量 SIS 热塑性弹性体、C5 加氢石油树脂、液状石蜡和抗氧剂于三口圆底烧瓶中,在氮气保护条件下加热至 160～165℃,待各成分完全熔融后调整温度至 105～110℃,以 600r/min 的转速搅拌 20min,体系混合均匀、无块状物质后加入透皮促渗剂,继续搅拌 20min 后停止搅拌,保温 20min 后趁热出料,冷却后即得含促渗剂的热熔压敏胶基质。称取定量的压敏胶基质,加热至 85～95℃,完全熔融后加入睾酮药液,通过搅拌使药液与压敏胶混合均匀,用涂布器快速均匀地涂布于背衬层无纺布上,冷却后覆盖上离型纸,切割成所需面积的贴剂。

（三）生物药物贴剂的质量检查

1. 外观质量　观察贴剂涂布是否均匀、有无颗粒、有无斑点、膏面是否细腻,有无光泽。

2. 赋型性试验　将 3 批贴剂供试品分别置于 37℃,相对湿度 64% 的恒温恒湿箱中,30min 后取出,将其固定在 60℃ 的钢板斜面上,若放置 24h 后,膏面无流淌现象,则赋型性良好。

3. 初黏力测试　采用滚球斜坡停止法测定贴剂初黏力。先将贴剂除去外包装材料,互不重叠地在室温放置 2h 以上。然后将大小适宜的钢球分别滚过平放在倾斜板上的黏性面,根据供试品的黏性面能够粘住的最大球号钢球,评价其初黏性的大小。

4. 稳定性试验　将贴剂样品分别用铝箔小袋密封包装,置于 40℃、相对湿度 75% 的恒温恒湿的条件下,分别于 1、2、3 月取样观察,测定黏性,并与 0 个月时比较观察贴剂的外观、黏性有无明显变化。

5. 皮肤刺激性试验　可将样品贴于 10 名健康志愿受试者的左手手腕内侧,连续使用 3 小时,观察皮肤,是否有发痒、发红、水泡、红肿、丘疹等刺激性反应。

6. 含膏量　取供试品 1 片,除去盖衬,精密称定,置烧杯中,加适量水,加热煮沸至背衬与膏体分离后,将背衬取出,用水洗涤至背衬无残留膏体,晾干,在 105℃ 干燥 30min,移置干燥器中,冷却 30min,精密称定,减失重量即为膏重,按标示面积换算成 100cm^2 的含膏量,应符合各品种项下的有关规定。

7. 耐热性　除另有规定外,取供试品 2 片,除去盖衬,在 60℃ 加热 2h,放冷后,膏背面应无渗油现象;膏面应有光泽,用手指触试应仍有黏性。

8. 重量差异　除另有规定外,取供试品 20 片,精密称定总重量,求出平均重量,再分别称定每片的重量,每片重量与平均重量相比较,重量差异限度应在平均重量的 ±5% 以内,超出重量差异限度的不得多于 2 片,并不得有 1 片超出限度 1 倍。

9. 微生物限度　贴膏剂照微生物限度检查法检查,贴剂应符合规定。

除应符合贴剂项下质量检查外,还应进行下列主要项目检查:

（1）生物学活性:应为标示量的 80%～150%。

（2）残余抗生素活性:不应有残余氨苄西林或其他抗生素活性。

（3）细菌内毒素:符合细菌内毒素检查规定。

第五节　膜　　剂

一、概　　述

（一）膜剂定义

膜剂（films）系指药物与适宜的成膜材料经加工制成的膜状制剂。

膜剂是在 20 世纪 60 年代开始研究并应用的一种新型制剂，70 年代国内对膜剂的研究应用已有较大发展，并投入生产。目前国内正式投入生产的膜剂已大概有 30 余种。其在临床应用较为广泛，可用于口腔科、眼科、耳鼻喉科、创伤、烧伤、皮肤科及妇科等，供口服、口含、舌下、眼结膜囊内、阴道内给药，皮肤或黏膜创伤表面的贴敷等。

（二）膜剂的分类

按剂型分类

1. 单层膜剂　药物分散在成膜材料中所形成的膜剂，可分为可溶性膜剂和水不溶性膜剂两类。临床应用较多的就是这类膜剂，通常厚度不超过 1mm，膜的面积可根据药量来调整。

2. 多层膜剂（复合膜剂）　又称复合膜，为复方膜剂，系由多层药膜迭合而成，可解决药物配伍禁忌问题，另外也可制备成缓释和控释膜剂。

3. 夹心膜剂　即在两层不溶性的高分子膜中间，夹着含有药物的药膜，以零级速度释放药物。这种膜剂实际属于控释膜剂，是一类新型制剂。

（三）膜剂的特点

（1）质量轻、体积小、使用方便。

（2）采用不同的成膜材料可制成具有不同释药速率的膜剂。多层复合膜剂便于解决药物间的配伍禁忌以及对药物分析上的干扰等问题。

（3）制备工艺较简单，成膜材料较其他剂型用量小，可以节约辅料和包装材料。

（4）制备过程中无粉尘飞扬，有利于劳动者保护。

（5）含量准确，稳定性好。

（6）配伍变化少（可制成多层复合膜），分析干扰少。

（四）膜剂的基质

膜剂一般包括：主药、成膜材料和附加剂三部分组成，附加剂主要有增塑剂（甘油、山梨醇、苯二甲酸酯等）和着色剂（TiO_2、色素等），必要时还可加入填充剂（淀粉、糊精等）及表面活性剂（聚山梨酯-80、十二烷基硫酸钠、豆磷脂等）。

常见的成膜材料其天然高分子类包括明胶、虫胶、阿拉伯胶等；合成高分子类包括聚乙烯醇类化合物、丙烯酸共聚物等。

二、生物药物在膜剂中的应用

膜剂已经开始用于生物药物,目前研究比较多的药物模型为环孢素 A。

(一) 生物药物膜剂的制备

环孢素 A(cyclosporin A,CyA)是临床常用的强效选择性免疫抑制剂,在器官移植方面被大量使用,同时在一些免疫介导性皮肤病的治疗方面已有广泛的应用。据文献报道,环孢素 A 对银屑病的治疗有显著疗效。但环孢素 A 绝对生物利用度低,长期服用则会产生肾脏、肝脏毒性和致高血压等副作用,因此大大限制了其在临床方面应用。有研究报道,将环孢素 A 制成经皮给药制剂已取得良好效果。目前有研究者制备环孢素 A-Eudragit S100 纳米粒(CyA-S100-NP),以丝素蛋白-聚乙烯醇为膜材,用流延法制备环孢素 A 纳米粒丝素蛋白膜剂(简称环孢素 A 膜剂),取得了较好的效果。

制备方法:取 5%丝素蛋白溶液 9ml、5%聚乙烯醇溶液 1ml 作为成膜基质,加入 2%甘油为增塑剂,搅拌混合均匀,加入处方量 CyA 纳米粒冻干粉,50℃水浴保温 1h,超声 20min 脱除气泡。在 10×10 有机玻璃板上,采用流延法制备膜剂,70℃干燥 3h,切割分剂量,得到含 CyA 量 0.5mg/cm² 的膜剂。

(二) 膜剂质量检查

1. **装量**　照最低装量检查法检查,应符合规定。
2. **无菌**　用于烧伤或严重创伤的膜剂,照无菌检查法检查,应符合规定。
3. **微生物限度**　照微生物限度检查法检查,应符合规定。

除应符合膜剂项下质量检查外,还应进行下列主要项目检查:

1. **生物学活性**　应为标示量的 80% ~150% 。
2. **残余抗生素活性**　不应有残余氨苄西林或其他抗生素活性。
3. **细菌内毒素**　符合细菌内毒素检查规定。

第六节　被动扩散经皮给药

一、概　　述

(一) 定义

1. **脂质体**(liposome)　系将药物包封于类脂质双分子层形成的薄膜中间所制成的超微型球状药物载体制剂。
2. **传递体**(transfersomes)　系指具有高度变形能力,并能以皮肤水化压力为动力,高效穿透比其自身小数倍的孔道的类脂聚集体,亦称为柔性脂质体。

(二) 脂质体的分类

脂质体按照其大小及层数(脂质体中双分子层的数目)一般分为多层囊(MLV,粒径 1~

$5\mu m$）、大单层囊（LUV,粒径 200~1000nm）和小单层囊（SUV,粒径<200nm）三类。

（三）脂质体和传递体的特点

1. 脂质体的特点　脂质体因具有类脂双分子层,与皮肤具有较好的亲和性,成为了目前经皮给药制剂常用的载体之一。脂质体包裹亲水或亲油性药物的效果较好,同时对难溶性药物也起到增溶作用,进而提高了药物的局部浓度,同时它还可作为药物储存库,延长药物在皮肤的滞留量和滞留时间。

脂质体可以增强药物稳定性,可以在皮肤表面产生包封效应,增加了皮肤的水合作用,具有良好的药物靶向性,是具有发展前景的新型经皮给药系统。

2. 传递体的特点　与常规脂质体相比,传递体具有高度的变形能力。在一定透皮水合力条件下,能穿透比其自身小数（3~10）倍的孔径,但是其直径在此前后几乎没有变化。在加压通过比其自身尺寸小几倍的膜孔屏障时,传递体的变形性是非常显著的。而仅含卵磷脂的普通脂质体膜弹性小,缺乏这种变形能力和稳定性。

（四）脂质体和传递体的基质

1. 脂质体基质　磷脂是脂质体双分子层结构中的主要化学成分,其中最具代表性的是磷脂酰胆碱（PC）,亦称卵磷脂。胆固醇是脂质体膜主要组成成分,对稳定脂质体膜有至关重要的作用。另外,脂质体中还含有其他一些可以提高脂质体稳定性或脂质体靶向性的附加剂,如磷脂酸、磷脂酰甘油,可使脂质体带负电,十八胺使脂质体带正电,能有效提高脂质体的稳定性。

2. 传递体基质　它是经由脂质体处方改进而来的,在脂质体原有成分中不添加或者少添加胆固醇,同时加入了膜软化剂,主要是表面活性剂如胆酸钠、去氧胆酸钠、吐温、司盘,使其类脂膜具有高度的变形能力,这是它与普通脂质体最大的区别。

二、脂质体在生物药物中的应用

生物药物已经开始应用于脂质体以及传递体,目前,α-IFN 质粒 DNA 脂质体以及胰岛素传递体研究比较广泛。

（一）生物药物脂质体和传递体面临的问题

1. 脂质体　脂质体具有药用安全性,但是却未能有效地克服皮肤屏障,因而不能用于经皮给药系统达到全身治疗的目的。所以有待于进一步研究使其更加成熟。

2. 传递体　由于传递体发生变形依赖于水化压力,所以在某种程度上就限制了它的应用。另外就是稳定性问题,普通脂质体常加入胆固醇或膜固化剂来提高膜的稳定性。而传递体为了增加膜的流动性及其变形性,通常不加胆固醇,这就导致膜的不稳定性,需借助其他方法来确保脂质体的稳定性。

（二）生物药物脂质体和传递体的制备

1. α-IFN 质粒 DNA 脂质体制剂的制备　利用质粒提取试剂盒提取大量质粒,并将质粒溶于水中,用 $0.22\mu m$ 的微孔滤膜除菌后,分装保存于-20℃,用 1% 的琼脂糖电泳和紫外分光光度计(260nm 和 280nm)对质粒纯度进行检查。同时测定质粒中的内毒素,将每毫升中含量超过 15 个内毒素单位的质粒弃去。同时要求所有用于体内试验的质粒中都没有可检测水平的重组 α-IFN 蛋白(检测限< 30pg/ml)。

使用的非离子/阳离子型(nonionic/cationic,NC)脂质体制剂含有 GDL、Ch、POE-10 和 DOTAP,混合比例为 50∶15∶23∶12;此外还同时含有 α-生育酚(按脂总重量 1%的比例加入)。按比例称量 100 g 的总脂,混合后加热到 70℃,于无菌聚苯乙烯离心管中溶解。溶解的脂用 0.22μm 的滤膜过滤,滤质在 70℃水浴中溶解后,使用无菌注射器抽入,准备另一个无菌注射器,加入灭菌的预热至 65℃的双蒸水。两个注射器间通过一个无菌的三管活塞连接,水相被缓慢地推入脂相注射器,水油混合物被来回快速混合,在自来水条件下冷却至室温,将该脂质体于 4℃保存,备用。混悬物中的脂浓度为 100mg/ml。

室温下对脂质体混悬液超声 20min,然后加入等体积的质粒水溶液(7mg/ml),混合后在室温下孵化 45min。得到脂质体制剂。

2. 生物药物传递体的制备 胰岛素是最早用于传递体研究的大分子药物之一。胰岛素分子量较大,经皮透过率很低,采用普通的促渗透方法效果不令人满意。研究人员以传递体为载体进行了胰岛素经皮渗透的研究,取得了理想的结果,其透皮率达到 50%,甚至可以超过 80%。

胰岛素传递体的制备方法如下:先配制 4 或 2mg 的胰岛素溶液,其中,间甲酚液的浓度为 3 或 1.5mg/ml,将 0.84ml 的上述溶液与 88mg SPC 及 12mg BS 或去氧胆酸盐在 0.1ml 乙醇中混合,混悬液经乳匀机匀化为 90~1100nm 大小,最后由 0.2μm 的微孔滤膜除菌,所得制剂中胰岛素的含量为(84±2)IU/ml(或 42IU/ml)。人体实验中,将含有 30IU 的胰岛素传递体经皮给药,起效时滞为 150~180min,经 3~4h 后血糖可降低 20%,并至少可维持 10h,同样条件下,皮下注射胰岛素传递体 0.115IU/kg,血糖降低 10mg/dl,持续 2h。这些说明胰岛素以传递体经皮给药形式给药时降血糖作用确定,且具有缓释效果。

(三)被动扩散经皮给药制剂质量检查

1. 形态观察 取样品适量,稀释,滴加 3%磷钨酸染色液,混匀,用铜网蘸取混合液,干燥,在透射电镜或原子力显微镜下观察脂质体颗粒的形态。

2. 粒径及分布 取样品稀释至适当浓度,再通过粒径分布仪测定纳米脂质体的粒径及其分散系数。

3. 包封率 包封率是评价脂质体的重要指标之一。通常通过下列公式计算,即:

包封率=(药物总量−介质中未包入的药量)/药物总量×100% 。

测定包封率主要是将游离药物与脂质体分离。分离方法有超速离心法、超滤法等。

除应符合以上项目质量检查外,还应进行下列主要项目检查:

(1)生物学活性:应为标示量的 80%~150%。

(2)残余抗生素活性:不应有残余氨苄西林或其他抗生素活性。

(3)细菌内毒素:符合细菌内毒素检查规定。

第七章　生物药物递送载体

第一节　纳　米　粒

一、概　　述

　　纳米技术诞生于现代化学、物理学与先进工程技术相结合的基础上,在医学、工业电子信息、环境科学及能源领域都取得了可喜的发展,其经济效益巨大,应用前景广阔,将给人类社会的发展带来不可估量的影响。

　　纳米粒子具有如下的特性:

　　1. 表面效应　固体颗粒表面的原子所处的环境不同,粒子表现出的性质也不同。纳米颗粒的尺寸小,位于表面的原子所占体积分数很大,产生相当大的表面能。当粒子直接接近原子直径时,大部分的原子都集中在粒子的表面,表面能急剧增大。由于表面原子周围欠缺其他的原子,原子配位数不足,处于不饱和状态,使其极为不稳定,会发生瞬间迁移,不断在转移变换位置。并且这些表面原子与其他原子就会很快结合使其稳定化。因此粒子表面有强烈的活性,这种表面原子的活性不但引起纳米粒子表面输出和构型的变化,同时会引起电子自旋、构象、电子能谱的变化。

　　2. 体积效应　体积效应又称小尺寸效应。当纳米粒子的尺寸与光波波长、德布罗意波长以及超导态的相干长度或透射深度等物理特征尺寸相当或更小时,晶体的周期性边界条件将被破坏。在非晶态纳米粒子表层附近原子密度减少,磁性、内压、光吸收、热阻、化学活性、催化性及熔点等与普通的粒子相比都有很大的变化。

　　3. 量子尺寸效应　1962 年日本学者 R kubo 提出著名的 R kubo 公式:$d=4EF/3N$其中,d 为能级间距,EF 为费米能级,N 为电子总数。当材料进入纳米量级时,N 为有限值,能带成为分立能级,随着颗粒中原子数目的减少,费米能级附近的电子能级将由准连续态分裂为分立能级,其能级的平均间距与颗粒中的自由电子总数成反比。当能级间距大于颗粒的光子能量及超导态的凝聚能时,将产生光电子性质的突变,表现为纳米粒子在磁、光、声、热、电等方面的特性与宏观材料性质显著不同。

二、纳米粒的制备方法及表面修饰

(一) 制备方法

　　纳米粒的合成除方法不同外,药物与纳米粒的负载方式也有很多不同。例如,将药物限制在聚合物骨架内、包裹在纳米囊中、由壳状聚合物膜包围、通过化学键或物理吸附等方法修饰于纳米粒表面等。

　　1. 溶剂蒸发法　该法是将聚合物溶解在有机溶剂中,再将药物溶解或分散在聚合物溶液中,在水和乳化剂存在下形成稳定乳液,经高压乳匀或超声后,经连续搅拌及一定温度和压力条件下蒸去溶剂即得水包油(O/W)纳米混悬液,这种方法适用于亲水性药物。如需包裹水溶性药物(如蛋白质及易消化药物),则须制备成复乳($W/O/W$),即先将亲水药物和稳定剂溶解在水里。

用该方法制备载有亲水性多肽药物促黄体激素释放激素类似物的纳米球,包封率较 O/W 法提高了数倍。其缺点是需要大量的油及有机溶剂。

初乳液由水相分散在溶解有聚合物的有机溶剂中形成,初乳再次被分散在含有沉淀剂的水相中,和单乳法一样让溶剂挥发。复乳法主要解决水溶性药物在乳化过程中快速地分散到外层水相中而影响包封率的问题,所以在第一次乳化过程中须快速形成水包油体系。

用双乳化-溶剂蒸发法制备载有 L-门冬酰胺酶的纳米粒,并采用超声乳化技术制得粒径 200nm 左右的纳米粒,药物包封率达到 40%。

2. 自发乳化溶剂扩散法　该法是溶剂蒸发法的改进方法。以丙酮或甲醇为"水相",以水不溶性低沸点有机溶剂如二氯甲烷或氯仿为"油相",在乳化剂存在的条件下,由于大量"水相"的迅速扩散,将"油相"分散成微细液滴,待蒸发溶剂后形成固体纳米粒。该方法不需乳匀或超声,是一种自发过程。随着水溶性溶剂的增加,纳米粒的尺度变小。

3. 盐析乳化-扩散法　溶剂蒸发法和自发乳化溶剂扩散法都不可避免地使用有毒的有机溶剂。美国的 FDA 对注射用胶束体系中残留的有机溶剂作了明确的规定,为了满足这些要求,发展了制备纳米粒的新方法,即盐析乳化-溶剂扩散技术。

本法以白蛋白、明胶等天然大分子为囊材,既可使高分子水溶液盐析固化析出制备毫微制剂,也可将水溶液在油中乳化后使高分子变性固化析出。先将高分子材料和药物溶解在水中,在表面活性剂存在条件下,边搅拌边加入盐类沉淀剂或乙醇,使高分子析出,也可通过改变 pH 使高分子析出,然后加入乳化剂至混浊刚消失,在搅拌下加入适量戊二醛等固化剂,使其固化,最后通过透析膜或凝胶柱层析精制而得。值得注意的是,许多盐类和生物活性物质是不相溶的。

该法的主要问题是水溶性药物在乳化-扩散过程中易从聚合物中渗出,为了使该方法更适用于水溶性药物,以链状甘油三酸酯代替水作为分散介质,并且加入表面活性剂司盘 span-80,将油状悬浮液离心分离,得到纳米颗粒。

4. 纳米沉积法　将聚合物和药物分散在丙酮里,加入表面活性剂泊洛沙姆 F-68 的水溶液,减压蒸馏使剩余的纳米粒子从悬乳液中析出,粒径在 $110\sim208\text{nm}$。

5. 超临界流体技术　将聚合物或药物溶解在超临界液体中,当该液体通过微小孔径的喷嘴减压雾化时,随着超临界液体的迅速气化,即析出固体纳米粒。该法仅适用于相对分子质量在 10 000 以下的聚合物。由于大多数药物和载体材料在超临界液体中不溶解,有时可以应用超临界反溶剂(supe rcritical anti-solvent,SAS)技术,即将聚合物和药物溶解在可与超临界液体相混溶的"反溶剂"中,同时雾化,在高压下超临界流体可以完全吸收"反溶剂"而析出纳米粒。超临界流体技术因使用了不污染环境的溶剂,高纯度地加工纳米粒以及不残留有机溶剂,正成为具有吸引力的制备方法。

6. 亲水性聚合物凝聚法　对一些天然大分子如明胶、壳聚糖、海藻酸钠、葡萄糖、纤维或两亲性的聚合物等宜采用凝聚法制备纳米粒。利用溶胶凝胶作用可以把壳聚糖作为注射用的热敏性水凝胶用在蛋白的长期缓释上。以牛血清蛋白为模型,嫁接 40% 聚乙二醇(PEG)为载体,发现其在低温下为可注射的溶液态,在体温下转变为凝胶。经过 5h 的初期释放后,可以持续稳定释放至 70h,改进后可以达到 40 天。

7. 乳液聚合　　乳液聚合是一种经典的常用高分子合成方法,即将两种互不相溶的溶剂在表面活性剂的作用下形成微乳液,微乳滴中单体经成核、聚结、团聚、热处理后得到纳米粒。例如把单体烷基氰基丙烯酸酯溶于乳液的分散相,在乳化剂存在下与水形成微乳体系,由引发剂在乳滴或胶束中发生聚合即形成固体纳米粒。影响粒子大小的因素包括 pH、乳化剂和稳定剂种类以及用量、单体浓度等。

8. 界面聚合法　　界面聚合法常用于聚氰基丙烯酸烷酯(PACA)纳米粒的制备,将药物、脂肪酸及氰基丙烯酸烷酯(ACA)单体溶于无水乙醇中制成油相,搅拌均匀后,再缓缓加入到含有表面活性剂的水相中,即可制成 PACA 载药纳米粒。

（二）纳米粒的表面修饰

1. 聚乙二醇修饰的纳米粒　　用双嵌断 PLA/PGA 共聚物与 PEG(分子量 350~20 000)制备纳米粒,所得粒径为 200nm 的纳米粒表面被 PEG 覆盖,将此纳米粒用放射性 In 标记,注射 5min 后,在肝中的量仅为注射未修饰的纳米粒的 37.5%,而在血中的量为未修饰者的400%;4h 后未修饰者在血中完全消失,而修饰者尚有其总量的 30% 在血液中维持循环。

2. 免疫纳米粒　　单抗与药物纳米粒结合通过静脉注射,可实现主动靶向。与药物直接同单抗结合相比,单抗较少失活且载药量较大。如用乳化-化学交联法制得粒径大多为200~420nm 的阿霉素白蛋白纳米粒,载药量 7.83%,体外释药符合 Higuchi 方程。将分离并纯化的抗人膀胱癌 BIU-87 单克隆抗体 BDI-1 通过化学交联反应,同以上纳米粒偶联得到免疫纳米粒。此纳米粒在体外可观察到能同靶细胞的纤毛连结,对人膀胱癌 BIU-87 有明显杀伤作用,对荷瘤裸鼠显示较好的抑瘤作用。

三、纳米粒的质量控制

（一）纳米颗粒的表征

1. 粒径大小　　粒径大小是纳米粒最重要的表征,粒径大小直接决定其用途、稳定性、药物在体内器官的分布。通常认为,粒径<200nm 的纳米粒能够较理想的靶向于肿瘤部位。

2. 形态　　纳米粒的外观形态一般采用透射电子显微镜或扫描电子显微镜照相后进行直观观察。纳米粒的形态呈圆形或椭圆形球粒,大小均匀,外观光滑圆整,具有较好的分散性。

3. Zeta 电位　　该电位值与悬浮液的稳定性及微粒表面形态密切相关。对于粒子的胶体稳定性而言,粒子的稳定性决定于引力势能(范德华力)和斥力势能(静电斥力)。也就是表面电位越大,斥力势能大,粒子越稳定。一般来说,稳定的纳米粒水分散体系 Zeta 电位的绝对值在 30mV 左右。

（二）包封率

对处于液态介质中的纳米制剂,可通过适当的方法分离纳米粒,分别测定介质和纳米粒中的药量,按下式计算包封率:

$$包封率 = (W_药 - W_游) / W_药 \times 100\% \quad (W_药:总药量; W_游:游离药量)$$

分离纳米粒可以采用柱色谱法、离心法或透析法等。柱色谱法是通过色谱柱使混合溶液中的大、小分子分离,大分子因不易进入色谱柱材料内部而比小分子先流出柱,分离纳米粒时,纳米粒会先洗脱出来,未包入的药物后被洗脱出来。离心法可加速纳米粒的沉降,粒径愈小的纳米粒,需要的离心力愈大,甚至需要冷冻超速离心机。透析法是无需设备的最简便的分离方法,将纳米粒试液盛入适当的透析袋内,外面为基本等渗的介质(避免因渗透压差引起纳米粒包封率变化),将更换的介质用于测定未包入的药物量。

(三) 载药量

获得较高的载药量是制备纳米粒的先决条件,载药量按下式计算:

$$载药量 = (W_{药} - W_{游})/W_{纳米粒} \times 100\%\ (W_{纳米粒}:载药纳米粒的总重量)$$

药物在脂质熔融物中有足够大的溶解度,是获得较高载药量的关键。一般可通过增加某些溶剂来增加药物在脂质熔融物中的溶解度,如甘油单酯、甘油双酯,可以促进药物的溶解。

(四) 体外药物释放

纳米粒具有良好的缓释特征,能够随时间的延长将药物逐步释放出来。药物的疗效取决于有效部位的血药浓度和持续时间。若纯依赖体内实验获得这些数据,则步骤繁琐,且对实验人员和实验环境有较高的要求。而通过模拟体内环境,由一些体外实验可准确地预测药物的体内特征,从而为已有制剂的质量控制和新制剂的开发提供便利。

四、纳米粒的给药途径

(一) 注射给药

纳米粒被制成胶体溶液或冻干粉针后静注给药,达到缓释、延长药物在循环系统或靶部位的停留时间等目的。

(二) 口服给药

可用喷雾干燥或冷冻干燥法把药物制成粉末,然后再制成传统剂型,如片剂、胶囊和粉剂等。口服给药,利用纳米颗粒的黏着性来提高药物的生物利用度,减少不规则吸收。

由于多肽与蛋白质类药物的特殊理化性质,此类药物直接口服后效果很差,其主要原因为:

(1) 胃中的酸催化降解。

(2) 胃肠道中的消化酶作用。

(3) 胃肠道黏膜的低通透性。

(4) 通过吸收屏障后肝的首过作用。

纳米粒作为多肽与蛋白质类药物的载体,经口服后主要通过小肠的 Peyer's 结而进入循环系统(主要是被 Peyer's 结中的 M 细胞摄取);同时,由于纳米粒的粒径较小,可穿过肠系膜的细胞间通路进入循环。

用 PACA(聚氰基丙烯酸烷酯)制备胰岛素纳米囊,经糖尿病鼠口服给药后,第二天血糖下降 50% ~ 60%,降血糖维持时间随胰岛素剂量加大而延长。但同样剂量的胰岛素纳米囊给正常鼠口服后并没有引起血糖下降,主要是因为正常鼠体内具有自调节现象。

　　用 PIHCA(聚氰基丙烯酸异己酯)为载体材料通过界面缩聚法制备环孢素 A 的纳米囊,包封率高达 88%,进一步的动物口服实验表明,此种给药系统能显著提高药物的生物利用度,并有效地减少肝和脾对药物的摄取,同时,使药物在肾脏中的分布减少,从而降低了环孢素 A 的肾毒性。

(三) 经皮给药

　　主要优点在于可避免化学性质不稳定药物的降解。纳米粒在皮肤表面形成一层膜,水分挥发导致纳米粒分散体发生形变,药物被挤出,从而提高药物经皮吸收量。

(四) 眼部给药

　　纳米粒具有良好的黏附性,可延长药物在眼部的滞留时间,促进药物吸收,提高疗效,减小刺激性。用标记的 PHCA(聚己基丙烯酸烷酯)纳米粒进行眼部给药,研究表明,由于纳米粒可与角膜和结膜表面活性黏附,从而延缓了被清除的速度,可在眼部停留较长时间。

(五) 肺部给药

　　纳米粒在肺部有良好的耐受性,可控制药物的释放,并靶向于肺部巨噬细胞,治疗肺部巨噬细胞系统感染,尤其像真菌等感染,使用传统治疗药物载体难以达到感染菌体的目的。

五、纳米粒载体的研究

　　理想的纳米粒载体应具备以下性质:特异靶向性、药物释放可控性、无毒、可生物降解、可"长循环、隐形、立体稳定"等。

　　1. 特异靶向性　具有特异靶向性的纳米粒载体,能携带药物或靶基因高选择地分布于作用对象,从而增强疗效,减少副作用,其作用对象可以是靶器官、靶细胞及细胞内靶结构。纳米粒的靶向性可分为被动靶向和主动靶向两种。纳米粒的被动靶向性是指它容易被位于肝、脾、肺及骨髓的单核-巨噬细胞系统(mononuclar-phagocyte system,MPS)摄取。正是由于这种定位于 MPS 的特异靶向性,可减轻药物活性成分对其他器官的毒副作用,用于治疗 MPS 系统的疾病。纳米粒的主动靶向性是指对纳米粒进行表面修饰,如在其表面偶联特异性的靶向分子(特异性的配体、单克隆抗体等),通过靶向分子与细胞表面特异性结合,实现主动靶向治疗。

　　2. 控释作用　纳米粒载体是一种新型的控释系统,它与微米颗粒载体的主要区别是超微小体积,并能直接作用于细胞,通过控制药物与靶基因的持续缓慢释放,可有效延长作用时间,维持有效的产物浓度,并可提高基因转染效率和转染产物的生物利用度。因而在保证疗效的前提下,可减少给药剂量,减轻或避免毒副反应,并可提高药物及基因的稳定性,形成较高的局部浓度。

　　3. 无毒、可生物降解　理想的纳米粒载体是无毒和可生物降解的,药物或靶基因片段与载体形成的复合物定向进入靶细胞之后,载体被生物降解,药物或靶基因被定向释放出来发挥疗效,避免转运过程中在其他组织释放,产生毒副作用或过早被灭活。用于纳米粒载体研究的生物可降解聚合物,主要有合成聚合物,如:聚乳酸(PLA)、聚乙醇酸(PGA)、聚乳酸共聚乙醇酸(PLGA)、聚己内酯(PGL)、聚氰基丙烯酸烷基酯、聚羟基丁酸、聚原酸酯、聚酐;多肽以及天然高分子聚合物,如:壳聚糖、明胶、海藻酸钠以及其他亲水性生物可降解聚合物。

4. "长循环、隐形、立体稳定"特性 纳米粒属于胶体性载体,粒径的大小及表面特征决定了其生物学特性。具有高曲率(粒径 < 100nm)及亲水表面的纳米粒,能够减少 MPS 的巨噬细胞对其的内吞作用。所谓的"隐形"就是使巨噬细胞难以发现,避开肝脏等 MPS 系统的摄取,而转运到体循环中长时间存在或转运至其他组织或器官,这样纳米粒降解减少,可以长时间在血液中循环。

将纳米粒载体直径控制在 100nm 以下,并用亲水性材料(如聚乙二醇、聚羟亚烃及壳聚糖、环糊精)进行表面修饰,来减少巨噬细胞的捕获。具隐形作用的聚合物最重要的性质是亲水性和柔韧性。亲水性强,氢键结合大量水分子,看起来才更像水;柔韧性使高分子链可以自由摆动,同时满足亲水性和柔韧性要求的聚合物中,聚乙二醇(PEG)免疫原性和抗原性极低。

六、纳米粒在生物药物中的应用

1. 纳米粒携带亮氨酸-脑啡肽类药物跨越血脑屏障 血脑屏障是血液与大脑之间由毛细血管内皮细胞构成的结构,毛细血管连接紧密,一直是药物及基因转运中难以跨越的障碍。即使亲脂性药物以扩散的方式通过内皮细胞也会迅速被血脑屏障上的外排泵毛细血管系统泵回血流。比如 P-糖蛋白,是多药耐药基因表达的产物,能量依赖型的跨膜蛋白,能选择性地将脑内有害物质、过剩和外来异物泵出脑外,保持脑组织内环境的相对恒定。

经适当修饰的纳米粒可通过血脑屏障,实现药物定向输送到中枢神经系统。将氚标记的亮氨酸-脑啡肽类药物 Dalargin,装载到表面用聚山梨醇酯 80 修饰的聚氰基丙烯酸丁酯纳米粒上,给小鼠静脉注射,通过测定发现血浆、肺、心脏及脑等组织放射性比单纯注射 Dalargin 时均有增强,脑组织放射性增强明显,表明脑中 Dalargin 含量有显著提高。

目前,并没有转运药物通过血脑屏障的纳米粒上市。上市的纳米粒只有诊断试剂 Abdoscan,它是一种以低分子右旋糖酐为稳定剂的含有结晶性超顺磁性氧化铁离子的胶态纳米粒,用于诊断肝、脾部位的肿瘤。主要原理是利用了网状内皮系统对纳米粒的摄取。

纳米粒介导的跨血脑屏障转运机制如下:

(1)纳米粒由于吸附作用在脑毛细血管中滞留量增多,可形成较高的浓度梯度,利于药物透过内皮细胞层向脑部转运。

(2)纳米粒外面包被的表面活性剂使内皮细胞膜的流动性增强,利于药物渗透。

(3)纳米粒能打开内皮细胞的紧密连接,药物可以游离态或与纳米粒形成结合态来渗透通过紧密连接。

(4)纳米粒被内皮细胞内吞入脑,内化后药物在胞内释放,并扩散至脑内。

(5)载药纳米粒可通过胞吞转运作用而通过内皮细胞层。

(6)聚山梨醇酯作为外包被物可抑制外排泵系统,特别是 P 糖蛋白的作用。这些机制可单独或协同发挥作用。

2. 纳米粒载体在基因治疗中的应用 基因转运体的选择是基因治疗的关键。反义技术是基因治疗的常用方法之一,它的基础是根据核酸杂交原理设计针对特性靶序列的反义核酸,从而抑制特定基因的表达,包括反义 RNA、反义 DNA 及核酶。反义药物又称反义寡核苷酸药物,是指人工合成长度为 10~30 个碱基的 DNA 分子及其类似物。根据核苷酸杂交原理,反义药物能与特定的靶基因杂交,在基因水平上干扰致病蛋白质的产生过程。由于体内无处不在的核酸内切酶和外切酶的降解作用,寡核苷酸(OND)利用度大大减少,而且 OND 自身携带的负电荷阻碍这些核酸短片段的细胞内渗透能力。纳米粒载体与 OND 结合,可以避免 OND 的过早降解,并提高其被细胞捕获的能力。纳米粒积微小且表面覆盖特定物质,由于其理化特性易与特定组织细胞相互作用,更容易被摄入细胞内,转染效率较高。OND 包裹在纳米粒内,也增加其在转运途中的稳定性,达到基因导向治疗的目的。

(1) OND 与纳米粒载体(高分子聚合物)的连接:OND 具有亲水性和阴离子特性,很难与用作纳米粒载体的聚合物相互作用。以下三种方法有望实现两者的成功连接:

1) 将 OND 与疏水性分子共价结合,使其能够和聚合物表面发生疏水性相互作用。

2) 利用电荷间的相互作用,用阳离子聚合物包被带负电荷的 OND 分子。

3) 通过 OND 的扩散作用,用纳米海绵携带 OND。

静电力在 OND 与聚合物的吸附过程中发挥重要作用。以聚苯乙烯与纳米球的连结为例,两者的吸附发生迅速,大约最大吸附量的 70% 在几分钟内完成,接下来吸附速度减慢,这是由于已吸附的 OND 与游离的 OND 的静电排斥作用影响了 OND 的扩散。pH 对吸附过程亦有较大影响,当 pH 高于氨基的 pKa 时,减弱吸附作用;反之,当降低 pH 时可促进吸附作用。因此增加聚合物表面正电荷并降低吸附环境的 pH,可获得较满意的吸附效果。值得注意的是,吸附作用亦发生于带负电荷的聚合物载体上,这种吸附作用的发生不仅仅由于静电作用,还很可能有疏水性力和氢键作用的参与。

(2) 纳米粒载体对 OND 的转运和释放:纳米粒载体浓缩、转运 OND 时,对 OND 还有保护作用。在体外培养 HL60 白血病细胞中,利用 C-myb 反义 OND 与纳米球表面电荷的可逆离子相互作用,成功地将其连接在纳米球上,该载体通过反义策略可长期有效地抑制白血病细胞生长,增加 OND 的细胞内摄取,保护 OND 免受核酸酶的降解,延长其在细胞内的半衰期,持续完整地释放 OND,最长可达 8 天。

(3) 纳米粒载体促进 OND 基因转染:纳米粒载体可促进稳定、有效地基因转染,从而获得靶基因的大量表达。应用 PLGA 纳米粒包裹反义单核细胞趋化蛋白基因,在体外可转染平滑肌细胞,将外源基因带入细胞基因组中,其效果与阳离子脂质体相当。体内实验中,经由移植静脉血管外膜进行基因转染后,可成功地检测到反义 RNA。

3. 疫苗纳米粒　随着疫苗开发技术的发展,疫苗中需要加入更多的佐剂和引入新型的给药系统。纳米疫苗和递药系统在陆续研发中。纳米疫苗可以增强抗原系统,增强免疫力,主要用来治疗癌症、阿尔茨海默氏病、高血压和尼古丁成瘾。

(1) 纳米粒子类型

1) 疏水性纳米粒子:常用的聚合物材料包括:PLG、PLGA、PEG。这些聚合物的降解速率影响了抗原纳米粒子在体内的释放。PLGA 用来携带不同病原体的抗原,如:间日疟原虫用单磷酰脂 A 包裹、乙肝病毒、炭疽杆菌和卵清蛋白和破伤风类毒素之类的典型抗原。g-PGA 纳米粒子是由亲水和亲脂的基团组成,自组装的纳米粒子有着亲水的外壳和疏水的内核,常用来包裹疏水性抗原。聚苯乙烯可以通过不同的功能基团和不同的抗原结合。

2) 亲水性纳米粒子:亲水性载体材料主要有:透明质酸、壳聚糖、海藻酸钠等。亲水性纳米粒在生理条件下更稳定,更容易附着在黏膜表面,能够在纳米粒和生物膜表面更好的相互作用。

（2）纳米疫苗的作用机制：纳米粒子中心有一个脂质体，能携带人工合成的蛋白质，这些合成粒子能引起强烈的免疫反应。但是这种脂质体在血液和体液中很不稳定。设计将这些脂质体聚集，相邻的脂质体壁就会通过化学作用粘在一起，使整体结构更稳定，注射之后短期内很难裂开。一旦纳米粒子被细胞吸收，它们很快分解，释放出疫苗引发 T 细胞反应。蛋白质疫苗会引起机体产生最强 T 细胞反应，从而产生免疫作用。

第二节　树状大分子

一、概　　述

树状大分子（dendrimers）又可称为树状聚合物或树状高分子。1952 年，Flory 首次提出由单体 AB_n 来制备高度枝化大分子的可能性，并由 Vt'gtle 于 1978 年首次合成了树状大分子。直到 1985 年 Tomalia 等成功合成了聚酰胺-胺（polyamidoamine，PAMAM）树状大分子后，树状大分子才真正引起了人们的关注，并在材料科学、生物医药等诸多领域如纳米级催化剂、纳米级药物及基因载体、核磁共振造影剂等得到了日益广泛的研究与应用。

树状大分子是高度枝化的单分散大分子，其分子结构由中心核、重复单元以及末端基团构成，具有高度的几何对称性。常见的中心核有氨、乙二胺、季戊四醇、芳环结构和糖苷结构等，以中心核为起始中心，由两种反应单体交替在外面接枝，每完成两步反应增长一代（generation，G）。一般来说，低代数的树状大分子是开放的结构，但随着代数的增长，其整体结构逐渐呈现球形，内部存在空腔。树状大分子的分子结构中包括非极性的核和极性的外壳，内部结构呈疏水性，外表面呈亲水性，故又被称为"单分子胶束"。与传统胶束不同的是，其树枝状结构不依赖于溶液浓度，即无临界胶束浓度。与直链聚合物相比，树状大分子有诸多优点，例如，其可控的多价性可以使一些药物分子、靶向基团及增溶基团以确定的方式附着在其外周；其单分散性使其药物代谢动力学行为的重现性良好。

二、树状大分子的分类及特点

（一）分类

常见的树状大分子有聚乙烯亚胺（PEI），聚酰胺-胺（PAMAM），树状物（arborols），硅烷树状大分子及其他类型如聚芳醚结构的树状大分子等。其中 PAMAM 树状大分子是研究及应用最为广泛的一类树状大分子，其分子代销、代数可由 Michael 加成和酰胺化反应的重复次数加以控制，其合成路线主要有两步：①以氨、乙二胺和丙胺等为核，与丙烯酸甲酯进行 Michael 加成反应，得到半代的 PAMAM 树状大分子；②用半代树状大分子与过量的乙二胺进行酰胺化反应得到整代的 PAMAM 树状大分子（G=0，G=1.0，G=2.0，…）。树状大分子是一种真正意义上的纳米级分子，G2.0～G7.0 PAMAM 树状大分子的直径介于 2.0～8.0nm。在生理条件下，PAMAM 树状大分子末端-NH_2 可以完全质子化称为带正电荷的—NH_3^+，表面正电荷密度很高。

（二）树状大分子作为药物载体的特点

作为一种新型药物载体,树状大分子具有明显的优势:

（1）无免疫原性,不会引起细胞的免疫反应。

（2）无遗传毒性且细胞毒性低。

（3）纳米级的粒径使其更容易透过血管壁或细胞膜等生物屏障。

（4）分子结构中具有可包裹药物分子的巨大空腔,载药量高。

（5）可包裹不稳定或难溶性药物,增加其稳定性或提高其溶解度和生物利用度,并控制药物释放。

（6）分子结构外表面具有大量的官能团,适当修饰后可增加其在体内的循环时间,还可与靶向基团连接实现靶向给药。

三、树状大分子与药物结合方式

树状大分子作为新型药物载体与药物形成纳米级微粒给药系统,其与药物的结合方式可分为两种:

（1）药物结合于树状大分子的内部结构中(包括静电作用、疏水作用以及氢键作用)可称为包合物。

树状大分子内部结构具有巨大的疏水空腔,可包裹药物分子,这种包合可以看作是一种简单的物理包埋,即药物分子与树状大分子之间为非化学键合的相互作用。

（2）药物结合在树状大分子表面(静电作用及化学键合),可称为复合物。

1）静电结合:树状大分子表面具有大量的可解离基团,可通过静电作用吸附众多药物分子。如整代聚酰胺-胺(PAMAM)树状大分子表面有伯胺末端基团($-NH_2$),核内分支点上是叔胺基团($N-$),pKa 值分别为 10.7 和 6.5。弱酸性药物布洛芬的羧基可以和树状大分子的氨基基团产生静电作用,在 pH 10.5 溶液中,一个 4 代 PAMAM 树状分子可以通过静电作用结合 40 个布洛芬分子。

2）共价结合:药物分子可以通过水解或可生物降解的化学键与树状大分子表面基团共价链接,与静电结合相比,这种结合方式能更好地控制药物释放。将抗肿瘤药物顺铂与 3.5 代 PAMAM 树状大分子连接,得到的复合物显示出极强的水溶性并具有明显的缓释特征。复合物的毒性仅为原形药物的 1/3 ~ 1/15,并且在体内可通过高通透性和滞留效应(EPR)选择性地蓄积在肿瘤部位。

四、树状大分子在生物药物中的应用及发展前景

树状大分子介导的基因转染　基因载体主要有病毒载体和非病毒载体。病毒载体主要包括腺病毒、反转录病毒和疱疹病毒等。这类载体可以携带治疗基因进入细胞并直接对基因表达进行调控,基因表达产物发挥治疗作用。病毒载体虽然基因转运能力强,但其在临床应用上存在安全性问题,并且其具有携带基因大小受限制以及不易大量生产和质量控制等缺点。因此,研制非病毒载体成为重要发展方向。

在生理条件下,末端基团为氨基的 PAMAM 树状大分子表面带正电荷,可与 DNA 分子主链上带负电荷的磷酸基团发生静电结合作用,形成具有高度稳定性的复合物,该复合物

可保护 DNA 避免酶的降解,在体内或体外均可获得高水平的 DNA 转运率。PAMAM-DNA 复合物可通过其表面的阳离子与细胞膜上带有负电荷的糖蛋白或磷脂的静电相互作用,并与细胞表面结合,通过胞吞作用进入细胞质。

树状大分子合成方法简单,分子量、形状可调节,支链多,易载药,水溶性好;通过修饰,其具有更好的生物相容性及降解性。树状大分子具有被动靶向的特点,如何进行修饰让其具有主动靶向性是研究的方向。随着生物医学及相关技术的发展,树状大分子将成为很有开发潜力的药物载体,相信越来越多的以树状大分子为载体的药物将会从实验室进入临床,从而造福人类。

第三节　微球与微囊

一、概　　述

（一）定义

1. 微球　药物溶解或分散在高分子材料基质中,形成微小球状实体的固体骨架物。

2. 微囊　利用天然的或合成的高分子材料作为囊壳,将液体或固体药物包裹成药库型微小的囊粒。

3. 微囊化　成囊与成球的制备过程统称为微型包囊术,简称微囊化。

（二）研究现状与上市产品

发达国家早在二十世纪七八十年代就已经开始了可注射缓释微球的研发工作,其中 LHRH(促黄体激素释放激素)激动剂类似物缓释注射剂是研究最为成功的品种。

第一个产品是曲普瑞林 PLGA 微球,由法国 Ipsen 公司开发,1986 年上市,可缓释 1 个月。亮丙瑞林是 LHRH 类似物,生物活性为 LHRH 的 15 倍。其缓释 1 个月的微球注射剂是由日本武田化学制药公司开发,商品名为抑那通。于 1989 年进入美国市场,随后有多种 LHRH 类似物缓释微球注射剂上市。这些产品临床上都用于治疗一些激素依赖性疾病,如前列腺癌、子宫肌瘤、乳腺癌、子宫内膜异位及青春期性早熟等。

2002 年由强生公司研发的利培酮注射缓释微球上市,商品名为恒德。用于治疗急性和慢性精神分裂症以及其他各种明显的精神病阳性症状和阴性症状,每两周注射一次,成功将这一技术应用于小分子化学领域。

二、制备方法及工艺

（一）相分离法

在药物与材料的混合溶液中,加入另一种物质或不良溶剂,或采用其他适当手段使材料的溶解度降低,自溶液中产生一个新相(凝聚相),这种制备微粒的方法称为相分离法。

分为:单凝聚法、复凝聚法、溶剂-非溶剂法、改变温度法。

1. 单凝聚法　将药物分散在高分子材料溶液中,加入凝聚剂使之凝聚成囊或成球。凝聚是可逆的,一旦解除凝聚的条件,就会使微粒消失。奥曲肽是一种合成的生长抑素类似物的八肽环状化合物,用于治疗腺垂体分泌过多生长激素导致的肢端肥大症。注射用缓释微球制备工艺为:二氯甲烷体积 1.8ml,聚乙烯醇质量分数 1.64%,氯化钠质量分数 1.2%;按优化工艺制备的微球的平均粒径为 51.74μm,跨距为 1.58,载药量质量分数为 5.50%,包封率质量分数为 88.0%,产率质量分数为 79.02%,突释质量分数为 9.19%。

对于需要长期治疗的肢端肥大症患者,注射用缓释微球可以提高顺应性,减少毒性及不良反应。

2. 复凝聚法 使用两种带相反电荷的高分子材料作为复合材料,如明胶与阿拉伯胶等。

3. 溶剂-非溶剂法 在材料溶液中加入一种对材料不溶的溶剂(非溶剂),引起相分离,而将药物包裹成囊或成球。药物混悬或乳化在材料溶液中(药物可以是固体或液体,但对溶剂和非溶剂均不溶解,也不起反应),加入争夺有机溶剂的非溶剂,使材料降低溶解度而从溶液中分离,形成囊膜或微球,过滤,除去有机溶剂即得微囊或微球。

4. 改变温度法 在不加凝聚剂的前提下,温度决定溶解度大小。

(二) 液中干燥法

从乳状液中除去分散相挥发性溶剂以制备微囊或微球的方法。

按操作方法不同,可分为连续干燥法、间歇干燥法和复乳法。根据连续相不同,又可分为水中干燥法和油中干燥法。对于连续干燥法、间歇干燥法和复乳法,都要先制备材料的溶液,乳化后,材料溶液处于乳状液中的分散相,与连续相不易混溶,但材料溶剂对连续相应有一定的溶解度,否则,萃取过程无法实现。

连续干燥法及间歇干燥法中,如所用的材料溶剂亦能溶解药物,则制得的是微球,否则得到的是微囊,复乳法制得的是微囊。连续干燥法或间歇干燥法如用水作连续相,不易制备水溶性药物的微粒,因微粒中的药物易进入水相而降低包封率和载药量,可不用水而改用 O/O 型乳状液。

(三) 喷雾干燥法

制备微粒的物理机械法有喷雾干燥法、喷雾冻结法、多空离心法及包衣法等,其中以喷雾干燥法最常用。

喷雾干燥法包括流化床喷雾干燥法(空气悬浮法)与液滴喷雾干燥法。

1. 流化床喷雾干燥法 通常将囊材溶液从流化床的底板孔隙喷出,喷在被向上气流吹动的固态囊心物上;在包裹粒径小的囊心物时改进为从顶上喷液。此法制得的是微囊。

2. 液滴喷雾干燥法 可用于固态或液态药物的微囊化,其工艺是先将囊心物分散在材料的溶液中,再用喷雾法将此混合物喷入热气流使液滴干燥固化。如囊心物不溶于囊材溶液,可得到微囊;如能溶解,可得到微球。

(四) 缩聚法

由单体或高分子通过聚合反应产生囊膜或基质,从而制成微囊或微球。

分为:乳化缩聚法、界面缩聚法、辐射交联法。

1. 乳化缩聚法 不用凝聚剂,常先制成 W/O 型乳状液,再加化学交联剂固化。

2. 界面缩聚法　先使连续相中的聚合物单体聚集在囊心物与连续相的界面上,然后单体再聚合成膜,或通过交联剂进行缩合反应在界面成膜。

3. 辐射交联法　利用^{60}Co产生γ射线的能量,使聚合物交联固化。一般仅适用于水溶性药物。

三、微球与微囊的释药方式

微球与微囊的释药方式有三种:

(1) 表面药物脱吸附释放。

(2) 溶剂经微孔渗透进入微球中,使药物溶解、扩散释放。微球首先局部出现脱落现象,然后药物溶渗而在微球表面形成微孔,随着脱落范围不断扩大,微球表面形成的微孔也越来越多,药物不断通过微孔从微球骨架溶出,达到良好的控释效果。

(3) 载体材料降解和溶蚀使药物释放。

四、质量控制指标

(一) 形态、粒径及其分布

1. 形态　微囊形态应为圆整球形或椭圆形的封闭囊状物,微球应为圆整球形或椭圆形的实体。

2. 粒径　光学显微镜、扫描或透射电子显微镜、激光衍射法等。

3. 粒径分布　指标包括:

(1) 粒径分布图。

(2) 跨距:跨距$=(D_{0.9}-D_{0.1})/D_{0.5}$　跨距越小分布越窄。

$D_{0.9}$:表示液滴质量百分含量小于90%的颗粒粒径(mm);$D_{0.5}$:表示液滴质量百分含量小于50%的颗粒粒径(mm);$D_{0.1}$:表示液滴质量百分含量小于10%的颗粒粒径(mm)。

(3) 多分散指数(PDI)。

PDI$=SD/d$　越小表示大小越均匀,SD:表示粒径的标准偏差;d:表示平均粒径。

(二) 载药量与包封率

$$载药量=[微粒中药含量]/[微粒的总重量]×100\%$$
$$包封率=[微粒中包封的含药量]/[包封的总药量]×100\%$$

(三) 药物的释放速率

微囊与微球中药物的释放机制通常认为有三种:

1. 通过囊壁扩散释药　囊壁越厚,释放越慢。

2. 囊壁溶解释药　组成囊壁的高分子材料在体内溶解速度快慢,决定药物释放速度。

3. 囊壁的消化与降解释药　高分子材料在体内被消化和降解,消化和降解的速度,决定药物释放速度。

五、微球与微囊在生物药物中的应用

1. 注射给药　注射给药是多肽、蛋白质类药物的传统给药途径。首次经 FDA 批准的多肽、蛋白质类药物微球制剂是醋酸亮丙瑞林微球,该微球供肌内注射用于治疗前列腺癌,可以控制释放达 30 天之久,改变了普通注射剂需每天注射的传统,使用方便。

2003 年 Homayoun 等利用复合乳技术制备了抗可卡因催化型单克隆抗体 15A10 的聚乳酸微球,给小鼠皮下注射本品后,这种微球制剂在体内释放可长达 10 天。宋凤兰等采用 W/O/W 复乳溶剂挥发法制备人干扰素 PLGA 微球,包封率达 83.49%,载药量为 8.03%,无明显突释,30 天内累积释药量达 80.32%,具有良好的缓释效果。

2. 口服给药　口服给药是最简单和最方便的给药方式,2000 年 Damage 等用吸附法制备了胰岛素聚氰基丙烯酸酯微球,体外研究表明胰岛素吸附于聚合物表面后,胃蛋白酶、胰蛋白酶等水解酶对其降解作用显著降低,微粒表现出良好的保护胰岛素活性的作用,作用时间延长。

3. 肺部给药　多肽、蛋白质类药物可以制成微球,再制成干粉吸入剂进行肺部给药,可以达到缓释长效和降低不良反应的作用。2003 年 Surendrakumar 等将透明质酸和胰岛素共同喷雾干燥制备了适宜肺部吸入的微球,通过对雄性 Beagle 犬肺部给药后胰岛素水平和相应的血糖水平检测显示,含 10% 透明质酸的胰岛素干粉吸入剂处方在体内平均保留时间和半衰期均延长,研究结果显示利用复合透明质酸的胰岛素干粉吸入剂经肺部给药达到缓释作用具有一定开发前景。

第四节　微乳药物传递系统

一、概　　述

(一) 定义

乳剂系指互不相溶的两相液体混合,其中一相液体以液滴状态分散于另一相液体中形成的非均匀相液体分散体系。形成液滴的液体称为分散相、内相或非连续相,另一液体则称为分散介质、外相或连续相。乳剂中一相为水或水性溶液则称为水相,用 W 表示,另一相与水不混溶的相称为油相,用 O 表示。

乳剂液滴大小一般在 $0.1 \sim 10\mu m$,这时乳剂形成乳白色不透明的液体。当乳滴粒子小于 $0.1\mu m$ 时,乳剂粒子小于可见光波长的 1/4 即小于 120nm 时,乳剂处于胶体分散范围,这时光线通过乳剂时不产生折射而是透过乳剂,肉眼可见乳剂为透明液体,这种乳剂为微乳(或胶团乳),微乳粒径在 $0.01 \sim 0.1\mu m$。粒径在 $0.1 \sim 0.5\mu m$ 称为亚微乳,静脉注射乳剂应为亚微乳,粒径可控制在 $0.25 \sim 0.4\mu m$。口服或外用乳剂粒径可能更大,可达十几乃至数十微米。

乳剂中的液滴具有很大的分散度,其总表面积大,表面自由能很高,属热力学不稳定体系。

（二）乳剂的特点

（1）乳剂中的液滴的分散度很大，药物吸收和药效的发挥很快，有利于提高生物利用度。

（2）油性药物制成乳剂能保证剂量准确，而且使用方便。

（3）水包油型乳剂可掩盖药物的不良臭味，并可加入矫味剂。

（4）外用乳剂能改善对皮肤、黏膜的渗透性，减少刺激性。

（5）静脉注射乳剂注射后分布较快、药效高、有靶向性。

（6）静脉营养乳剂，是高能营养输液的重要组成部分。

（三）乳剂的类型

乳剂分为水包油型 O/W 和油包水型 W/O。此外还有复合乳剂或称多重乳剂，用 $W/O/W$ 或 $O/W/O$ 表示。乳剂可以口服、外用、肌肉、静脉注射，静脉注射具有靶向性。

二、微乳组成成分的选择

微乳由水相、油相、表面活性剂、助表面活性剂组成。

1. 亲水亲油平衡值（HLB） 是微乳处方设计的一个初步指标，微乳作为药用载体应用时对处方要求严格。不仅要求能在大范围内形成微乳，还要求药物载体无毒、无刺激、无不良药理作用及具有生物相容性，并对主药具有较大的增溶能力，同时不影响主药的药效和稳定性。

2. 表面活性剂的选择 是确定微乳组分的重要一步，阳离子表面活性剂在 pH 3~7 适用，阴离子表面活性剂适用于 pH 8 以上，非离子型表面活性剂在 pH 3~10 均可适用。非离子型表面活性剂一般毒性小、刺激性小，适用于药物载体的应用。

3. 助表面活性剂的选择 助表面活性的作用是和表面活性剂形成表面界面膜。降低了表面活性剂分子之间的排斥力，调节表面活性剂的 HLB 值。助表面活性剂必须在油相和界面上都达到一定的浓度，对分子链要求较短，毒性较小。

4. 油相的选择 油相分子大小对微乳形成较为重要，油分子链过长不能形成微乳。应选择对人体无害、无刺激的油相，油相对微乳的结构也有较大的影响。

三、微乳的特点

（1）物理稳定性好：由于微乳的特定结构和纳米尺度使其具有良好的稳定性，一般在高温下可以保持基本的稳定状态。

（2）微乳可提高难溶性药物的溶解度：与市售剂型相比 O/W 型微乳可以增加药物溶解度达 3~5 倍。

（3）微乳可以促进大分子水溶性药物在动物体内的吸收，提高药物的生物利用度。

（4）微乳制剂是具有各向同性的透明液体，粒度在 10~100nm 可以进行过滤除菌，易于制备和保存，同时可以促进药物的透皮吸收。

（5）微乳制剂黏度低，可以大量加水稀释，注射时疼痛小，可以灵活、准确控制药物用量。

（6）W/O 型微乳对易于水解的药物可以起到保护作用,尤其是口服微乳可以降低胃内容物对药物的破坏和降解,同时可以达到缓释药物的目的。

（7）微乳剂具有一定的缓释和靶向作用:由于其特定的纳米尺度,使微乳剂在体内被吸收的过程中有了一定的靶向性。

四、微乳的形成条件及其影响因素

微乳制剂都需要水、油、表面活性剂及助表面活性剂等物质作为基本条件,由于制备类型不同,在制备过程中的影响因素也较多。

1. 表面活性剂的 HLB 值　一般 HLB 值在4~7可以形成 W/O 型微乳,HLB 值在8~18可以形成 O/W 型的微乳。

2. 介质的 pH　一般阴离子型乳化剂要求介质的 pH 在3~7;阳离子型乳化剂要求介质的 pH 在8以上;非离子型乳化剂 pH 在3~10均适用。

3. 药物自身的性质和结构　药物的结构和性质直接影响微乳的形成和稳定性。不同结构的药物其微乳的形成条件和稳定性大不相同。一般 O/W 型微乳剂的稳定性随药物的脂溶性程度的增强而增强,随药物的脂溶性程度的降低而有所降低。同时,药物自身的性质和结构也影响表面活性剂的用量,一般微乳中表面活性剂的用量占体系总量的20%以上,但是,试验发现随着药物脂溶性的增强,表面活性剂的用量有所下降,这样可以降低体系中表面活性剂的用量,增强微乳的安全性,而脂溶性差的药物制备微乳时表面活性剂的用量就大大超过20%,而且微乳载药量也非常低,静置不稳定,药物容易析出,体系易分层。

4. 与助表面活性剂的种类和用量有关系　水溶性助表面活性剂易形成微乳,用量相对可以较大,但形成的微乳体系久置不稳定,容易出现药物的析出和体系的分层。尤其是具有挥发性的助表面活性剂如乙醇和异丙醇等在长期放置过程中由于自身的挥发而改变了微乳体系的内部比例导致不稳定。水难溶性助表面活性剂难于形成微乳,形成微乳时需要较大的 Km 值,但形成微乳后体系长期放置稳定不分层。

5. 与油的结构有一定的关系　一般短链或中等链长的油相可以提高主药在油相中的溶解度,扩大微乳形成的区域。

6. 微乳的形成与环境温度有一定的关系　环境温度影响微乳的形成,对于不同的组分环境温度的影响尤为显著,温度对非离子型表面活性剂微乳的影响比较大,温度低时,易形成水包油型微乳;当温度升高时,非离子型表面活性剂将降低其亲水基的水化度,从而降低了亲水性,容易形成油包水型微乳。同一温度下,流动性越强的组分则易形成微乳,流动性越差的组分在形成微乳时则需要加热。

7. 微乳的形成与各组分的混合次序及加水的速度有一定的关系　微乳形成各组分的加样次序一般为:油+表面活性剂+助表面活性剂+药物+水,是比较恰当的,而且有利于微乳形成,否则不能有效地形成微乳。同时,滴加水的速度要适中,一般60~120滴/min 较为恰当。

五、微乳在生物药物中的应用

随着生物技术的飞速发展,多肽、蛋白质类等生物技术药用活性大分子物质在临床上的应用越来越广泛。由于本身结构特点等原因,限制了蛋白质多肽类药物的临床使用。目前,用于克服这些障碍的主要技术有加入酶抑制剂或吸收促进剂或包裹于微乳、微粒等给药系统中。其中微乳是近年来研究较多的一种给药系统,微乳可有效地将药物包封于内水相及表面活性剂层中,从而保护多肽、蛋白质类药物免于胃肠道中酸和酶的降解。

微乳作为药物载体具有渗透力强并可根据分散相的量及环境温度(如体温)的改变而转相的特性,以致药物从乳液中释放,从而达到治疗的目的。

Masuda 等用油包水型微乳包裹卵清蛋白,分别将卵清蛋白微乳和盐溶液口服给药,测得微乳给药小鼠血清的总 IgG 明显降低。Toorisaka 等将胰岛素制成 $S/O/W$ 型微乳,观察数天后胰岛素没有发生渗漏,小鼠口服给药后,降血糖作用明显且药效持久。

降钙素是一种水溶性的大分子多肽,直接口服生物利用度低,将其制成含有中等链长的甘油酯、中等链长的脂肪酸及其相应钠盐的 W/O 型微乳,经大鼠十二指肠给药,降钙素吸收率得到明显提高。

醋酸亮丙瑞林以油酸为吸收促进剂,将其制成微乳后经大鼠口服给药,与溶液组相比,微乳能显著增加醋酸亮丙瑞林的生物利用度,且大鼠口服醋酸亮丙瑞林微乳后生殖器官重量明显下降,显示出醋酸亮丙瑞林长效注射剂相似的拮抗活性。

基于上述实验结果,微乳应用于多肽和蛋白质类药物具有较大潜力,相信随着各项研究的进一步深入,微乳将为临床提供更多更安全有效的多肽、蛋白质类新药。

六、微乳研究中存在的具体问题

微乳是自发形成的,其制备不需要特殊的设备,操作简单,且易于保存。由于粒径小,可采用过滤灭菌。作为一种新型药物载体,微乳制剂具有低黏度、稳定、吸收迅速、靶向释药等特点,并能提高药物的生物利用度,降低毒副作用,临床应用前景广阔。但由于其组成的特殊性,在研究中也存在一定的问题。

1. 微乳的形成需要大量的表面活性剂和助表面活性剂　一般表面活性剂的最小用量都在 20% 以上。但由于生产中常用表面活性剂在用量较大时均有一定的毒性,所以在研究中寻找低毒或者无毒的表面活性剂将是今后研究工作的重点和难点。也只有拥有了低毒或者无毒的表面活性剂才能真正实现药用微乳的临床应用与快速发展。

2. 微乳的形成机制尚无定论　目前,常见的理论有混合膜理论、几何排列理论等,但仅仅局限在学说性质的研究方面,还需要对纳米乳的形成机制进行更深入细致的研究,以便掌握其形成的规律,促进材料的研究。

3. 微乳的制备方法需要进一步完善　微乳制备过程简单,易于操作,但是形成微乳时各组分之间的最佳用量不易判断,目前常用的正交试验和拟三元相图法仅仅只是对微乳形成的大致条件和各组分的配比做了一个定性和定量试验,但是在具体试验中都存在工作量大、试剂消耗量大、成本高的缺点。

4. 微乳形成的判断标准不够确定,具体操作有一定人为的性质　目前微乳的形成判断标准不一定,在形成微乳时各组分的最佳用量不易确定。人们通常以体系在滴加水的过程中出现浑浊、透明、黏稠或者流动为判断标准。或者,采用偏光显微镜来观察是否有偏振光为标准,也有用导电率来判断。实际上部分微乳组成体系根本就不存在浑浊、透明、黏稠或者流动性有明显变化的情况。所以建立更加准确、有效、自动化程度高的判断方法是非常重要的。

5. 试验设计与试验结果的数据处理 通常试验时都将油和表面活性剂的比例设置为：1：9，2：8，3：7，4：6，5：5，6：4，7：3，8：2，9：1 等，实际上对于 O/W 型微乳，当油和表面活性剂的比例大于 1：1 时就已经不能形成微乳，试验结果均以浑浊为结局。油和表面活性剂的比例大于 2：1 的所有比例将没有必要做进一步的试验。W/O 型微乳制剂实际制备过程中出现的现象也有类似性。同时，试验数据的处理通常都用拟三元相图法，但是拟三元相图法只能是对数据的一个大致分析和标志。所以需要为试验数据的处理建立进一步较为系统细致的分析标准。

6. 药物的性质结构不同直接影响微乳的形成 药物的性质结构不同直接影响微乳的形成，所以在试验过程中为微乳形成的各组分的选择及定性带来了一定的困难，不同药物之间的巨大差异，没有明显的规律可循，给试验和实际生产带来了一定的困难。在今后的试验研究中应该加强对该规律的研究。

第五节　脂　质　体

一、概　述

脂质体系指将药物包封于类脂质双分子层内而形成的微型泡囊，也有人称脂质体为类脂小球或液晶微囊。类脂双分子层厚度约 4nm。

自 20 世纪 60 年代，人们就认识到脂质体作为生物降解性和生物相容性药物载体，可提高药物的疗效和降低其毒性。随后人们研究了脂质体制备的各种方法，并对脂膜的生物过程和膜结合蛋白进行了研究。到 1970 年，脂质体作为一种药物载体，通过降低药物的毒性和（或）提高疗效，从而提高了药物的治疗指数。脂质体药物制剂的早期研究遇到一些问题，如未充分了解脂质体体内分布和清除的机制，脂质体药物制剂在体内不稳定以及循环时间不够等。20 世纪 90 年代初期，脂质体研究取得一些进展，包括对脂质多型性、脂质体体内分布的生理学机制、脂质-药物和脂质-蛋白质相互作用的深入理解，设计了可提高体内外稳定性、改善生物分布和优化系统循环滞留时间的脂质体。90 年代中期，美国 FDA 批准脂质体给药系统作为药物载体用于人类，多柔比星、柔红霉素和两性霉素 B 脂质体相继上市。

纳米脂质体作为蛋白质药物载体，具有不可忽视的优点：

（1）可以有效保护蛋白质药物，避免胃肠道降解以及 pH 环境的破坏，在很大程度上提高药物的稳定性。

（2）脂质体结构与细胞膜类似，与细胞膜有较强的亲和性，可以增加蛋白质药物透过细胞膜的能力，提高药物的生物利用度。

（3）能选择性地分布于某些组织和器官，增加蛋白质药物的靶向性，提高药物在靶部位的治疗浓度，降低药物的毒副作用。

（4）对于一些半衰期短、需长期大量使用的药物，脂质体能够延缓药物释放，减少给药次数。

（5）脂质体本身毒性低，可以被机体生物降解，对机体无毒性和免疫抑制作用。

二、脂质体的体内作用机制和分布机制

（一）脂质体的体内作用机制

脂质体在体内细胞水平上的作用机制有吸附、脂交换、内吞、融合等。

1. 吸附　是脂质体作用的开始，是普通物理吸附，受粒子大小、密度和表面电荷等因素影响。如脂粒与细胞表面电荷相反，吸附作用大。

2. 脂交换　脂质体的脂类与细胞膜上脂类发生交换。其交换过程包括：脂质体先被细胞吸附，然后在细胞表面蛋白的介导下，特异性交换脂类的极性基团或非特异性地交换酰基链。交换仅发生在脂质体双分子层中外部单分子层和细胞质膜外部的单分子层之间，而脂质体内药物并未进入细胞。脂质体可与血浆中各种组织细胞相互作用进行脂交换。

3. 内吞　内吞作用是脂质体的主要作用机制。脂质体被单核-巨噬细胞系统细胞，特别是巨噬细胞作为外来异物吞噬，称内吞作用。通过内吞，脂质体能特异的将药物浓集于其作用的细胞房室内，也可使不能通过浆膜的药物达到溶酶体内。

4. 融合　指脂质体的膜材与细胞膜的构成物相似而融合进入细胞内，然后经溶酶体消化释放药物。体外证明脂质体可以将生物活性大分子如酶、DNA、环磷腺苷（cAMP）、mRNA或毒素以细胞融合方式传递到培养细胞内。因此对产生耐药的菌株或癌细胞群，用脂质体载药可显著提高抗菌或抗癌效果；大分子药物被包封于脂质体往往可以提高口服药效；溶酶体膜的通透性有限，可组织大分子药物释放至细胞内其他部位，而脂质体载大分子药物由于融合作用则往往不受以上限制。

（二）脂质体的体内分布机制

脂质体的体内分布取决于其组成、大小、表面电荷和表面水合度以及给药途径等。

静脉给药后，脂质体通常立即被血清蛋白包裹，然后被网状内皮系统（RES）细胞摄取并消除，与脂质体相互作用的血浆蛋白包括白蛋白、脂蛋白和其他细胞相关蛋白有关。

（1）高密度脂蛋白能清除脂质体双分子层上的磷脂分子，使脂质体不稳定，并可能导致药物从脂质体中过早渗漏或药物与脂质体解离。

（2）蛋白质结合也可能破坏酸敏感或 pH 敏感脂质体。脂质-蛋白质相互作用是 DNA-阳离子脂质体的体内转染活性急剧降低的原因。

（3）血浆蛋白结合也会改变带有饱和脂肪酰基链的磷脂从凝胶到液相的相转变。

（4）除了改变脂质体中药物的释放，蛋白质结合也能对免疫产生影响，如在小鼠体内观察到，由于阳离子脂质与蛋白质非特异性结合而产生补体激活作用。

皮下和肌肉给药，大脂质体将停留在注射部位，成为药物的储库。小脂质体（50～80nm）皮下给药后，将保留在汇入的淋巴结。通过研究大小依赖型胶粒和碳粒结果显示，淋巴结汇入对粒子大小要求的上限是 20～30nm。因此，大于 40～50nm 的脂质体将保留在淋巴结中。在一些癌症转移期，脂质体在淋巴结中聚集，可以增加淋巴结中肿瘤的药物浓度，或降低 HIV 阳性病人的病毒载荷。尽管使用了抗病毒药物联合治疗，HIV 病人淋巴结中病毒载荷仍相当高，这种给药方法，可以提高淋巴结中抗 HIV 药物的浓度，而且病人耐受性较好。

三、脂质体的给药途径

作为一种新型药物载体,脂质体将药物包裹后用于不同的给药系统,具有很好的发展前景。它不仅可以使药物靶向地进入相应病变部位发挥作用,而且能够避免药物对不同部位的刺激及毒性,增加药物疗效,也可起到缓释的效果。

1. 静脉注射　这是脂质体常见的给药途径。脂质体静脉注射后迅速从血液循环中消除,其消除率与脂质体大小及表面所带电荷有关。大的脂质体比小的消除快。静脉注射的脂质体优先被富含网状内皮细胞的组织如肝、脾所摄取,并迅速被单核吞噬细胞吞噬和降解,少量被肺、骨髓及肾摄取。利用脂质体在循环中被动靶向网状内皮系统的特点,可将药物或免疫调节剂释放到网状内皮系统,杀死那些生长周期与网状内皮系统相关的寄生虫。

2. 肌内和皮下注射　脂质体皮下注射、腹腔注射和肌内注射均能选择性靶向于淋巴组织,其淋巴摄取与脂质体的粒径大小、处方构成及脂质剂量有关。

3. 口服给药　有些药物以游离形式通过胃肠道时,不能被吸收或遭到破坏。但包封于脂质体后即可通过胃肠道吸收。脂质体化学结构较稳定,选择性和辅佐性强,可保护药物或抗原不被胃酸和消化道酶分解。

人重组表皮生长因子(rhEGF)的聚乙二醇(PEG)脂质体口服抗溃疡作用明显提高。将胰岛素脂质体包装在海藻酸盐-壳聚糖胶囊内,口服用于糖尿病大鼠,考察其血糖水平,这种制剂能够使胰岛素安全通过胃的酸性环境而到肠道的中性环境,使之顺利吸收。

4. 眼部给药　眼科用药最常见的剂型是滴眼剂,该剂型的主要问题是不能在一个较长时间内提供和维持足够的药物浓度。理想的剂型应能像滴眼剂一样分散,但在眼内能较长时间地滞留。脂质体制剂就具有此种特性,它不但可以在滴眼后迅速分散开,而且具有缓释性能,同时能够增强药物对角膜的穿透性。与一般混悬剂相比,脂质体包药后可获得更高的药物水平,水溶性激素脂质体滴眼后 0.5h 其水平是对照组的 2.5 ~ 2.9 倍,外眼组织、结膜和巩膜中是对照组的 4 倍,表明脂质体对这些组织有更强的亲和性。

5. 肺部给药　脂质体静脉注射后,只有少量分布到肺,因而不能在肺中达到治疗的有效浓度。为了提高药物在肺部的治疗浓度,不少学者研究了将脂质体直接由呼吸道给药,从而使肺部药物浓度达到有效治疗浓度水平。

由于呼吸道存在黏液纤毛清除机制,若采用气管滴注给药则会有相当部分药物被清除,药物不能完全到达肺泡而被吸收进入体循环。因此,目前脂质体肺部给药大多采用雾化吸入方式。

6. 经皮给药　脂质体由于具有能有效地与亲水、亲油基大分子药物相结合的特点,以及将药物包裹于其双分子层结构中、与皮肤亲和力好等特点,易被用于治疗皮肤病。

7. 鼻腔给药　随着新辅料和治疗新技术的应用,发挥全身治疗作用的鼻腔给药制剂的研究越来越受到人们的广泛关注。但由于大分子物质难以通过鼻黏膜吸收,以及药物粉末或溶液很容易被鼻纤毛迅速清除,滞留时间短,导致许多药物不能直接用于鼻腔给药。

将药物包封入脂质体后鼻腔给药,不仅能延长制剂在鼻腔内的滞留时间及滞留量,防止药物被黏膜上的酶降解,加速药物通过鼻黏膜吸收;还可使药物通过磷脂双分子层控制释放,有效地减少药物对鼻腔的刺激性和毒性。用脂质体化的和游离的 C-GTF 的 S. mutans 抗原鼻腔给药对人进行免疫,结果显示,脂质体制剂产生的鼻黏膜 IgA／anti-C-GTF 总活性高于游离的 C-GTF。

四、脂质体的制备方法

（一）被动载药法

脂质体常用制备方法主要有薄膜分散法、反相蒸发法、注入法、超声波分散法等。在制备含药脂质体时，首先将药物溶于水相或有机相中，然后按适宜的方法制备含药脂质体，该法适于脂溶性强的药物，所得脂质体具有较高包封率。

1. 薄膜分散法　将磷脂和胆固醇等类脂及脂溶性药物溶于有机溶剂，然后将此溶液置于一大的圆底烧瓶中，再旋转减压蒸干，磷脂在烧瓶内壁上会形成一层很薄的膜，然后加入一定量的缓冲溶液，充分振荡烧瓶使脂质膜水化脱落，即可得到脂质体。这种方法对水溶性药物可获得较高的包封率，但是脂质体粒径在 $0.2 \sim 0.5 \mu m$，可通过超声波仪处理或者通过挤压使脂质体通过固定粒径的聚碳酸酯膜，在一定程度上降低脂质体的粒径。

2. 超声分散法　将磷脂、胆固醇和待包封药物一起溶解于有机溶剂中，混合均匀后旋转蒸发去除有机溶剂，将剩下的溶液再经超声波处理，分离即得脂质体。

3. 冷冻干燥法　脂质体混悬液在贮存期间易发生聚集、融合及药物渗漏，难以满足药物制剂稳定性的要求。在脂质体混悬液中加入适宜的冻干保护剂，采用适当的冷冻干燥工艺，可制得脂质体冻干粉。

4. 冻融法　首先制备包封有药物的脂质体，然后冷冻。在快速冷冻过程中，由于冰晶的形成，使形成的脂质体膜破裂，冰晶的片层与破碎的膜同时存在，此状态不稳定，在缓慢融化过程中，暴露出的脂膜互相融合重新形成脂质体。

该制备方法适于大量生产，尤其适用于不稳定的药物。

5. 复乳法　此法第 1 步将磷脂溶于有机溶剂，加入待包封药物的溶液，乳化得到 W/O 初乳，第 2 步将初乳加入到 10 倍体积的水中混合，乳化得到 $W/O/W$ 乳液，然后在一定温度下去除有机溶剂即可得到脂质体。

6. 注入法　将类脂和脂溶性药物溶于有机溶剂中（油相），然后把油相匀速注射到水相（含水溶性药物）中，搅拌挥尽有机溶剂，再乳匀或超声得到脂质体。根据溶剂的不同可分为乙醇注入法和乙醚注入法。

7. 反相蒸发法　将磷脂等膜材溶于有机溶剂中，短时超声振荡，直至形成稳定的 W/O 乳液，然后减压蒸发除掉有机溶剂，达到胶态后，滴加缓冲液，旋转蒸发使器壁上的凝胶脱落，然后在减压下继续蒸发，制得水性混悬液，除去未包入的药物，即得大单层脂质体。此法可包裹较大的水容积，一般适用于包封水溶性药物、大分子生物活性物质等。Xu 等用反相蒸发法制备了胰岛素脂质体，并用外源凝集素进行脂质体表面修饰，小鼠皮下注射后相关生物利用度为 9.12%，口服给药的相关生物利用度为 8.47%，说明胰岛素脂质体口服给药有效。

8. 超临界法　将卵磷脂溶解于乙醇中配得卵磷脂乙醇溶液，与药物溶液一起放入高压釜中，将高压釜放入恒温水浴中，通入 CO_2。在其超临界状态下孵化 30min，制备脂质体。采用超临界 CO_2 法制备的包封率高、粒径小、稳定性增强。

（二）主动载药

1. pH 梯度法 通过调节脂质体内外水相的 pH，形成一定的 pH 梯度差，弱酸或弱碱药物则顺着 pH 梯度，以分子形式跨越磷脂膜而以离子形式被包封在内水相中。

2. 硫酸铵梯度法 硫酸铵梯度法通过游离氨扩散到脂质体外，间接形成 pH 梯度，使药物积聚到脂质体内。

3. 乙酸钙梯度法 通过乙酸钙的跨膜运动产生的醋酸钙浓度梯度（内部的浓度高于外部），使得大量质子从脂质体内部转运到外部产生 pH 梯度。

五、脂质体的分离方法

适当化学结构的亲脂性药物是镶嵌在双层膜内而被包裹在脂质体中，其包封率取决于所用脂质的浓度。在这种情况下，包封率可达到 90%，并且可以不除去未包裹的药物。但是对水溶性药物而言，被包裹的药物仅是总量中的一部分，必须从脂质体悬液中除去未包裹药物。由于脂质体比被包裹的药物分子要大得多，因此可利用它们的不同大小来分离除去未包裹的药物，这些方法有凝胶过滤柱层析法、渗析法等；若被包裹的物质是蛋白质或DNA，或者未被包裹的药物可能形成较大的聚结物，则可利用它们与脂质体浮力、密度的不同而采用诸如离心等方法进行分离。

（一）柱层析法

凝胶渗透层析技术广泛用于从脂质体悬液中分离除去未包裹药物，也可用于对悬液中的脂质体大小分组，这一技术在实验室中很有效且快速。在大规模生产上，虽然也可用凝胶过滤来纯化，但技术较困难且价格昂贵。另外，脂质体被洗脱介质稀释后可能需要增加浓缩步骤。

柱层析填料常用葡聚糖如 Sephadex G-50，其步骤与常规方法一致。但必须指出：①在葡聚糖表面存在着能与脂质体膜结合并相互作用的微小部位。虽然这种作用并不影响脂质体在凝胶柱上的流动特性，但仍可导致少量脂质的损失，使膜的不稳定性增加，从而导致膜渗透性的改变及包裹物质的渗漏。这种现象在脂质浓度较低的情况下特别应予注意，一般可通过加大脂质体样品上柱量或用空脂质体预先将柱子饱和来解决。通常使用 20mg 脂质制成的小单层脂质体可饱和 10g 凝胶；②若凝胶颗粒太细，较大的脂质体可能被滞留在凝胶柱上，因此对多层脂质体宜选用中粗级的凝胶（粒径大小为 50～150μm），而对小单层脂质体则可用任何级别的凝胶。

（二）渗析法

此法是最简单的也是最常用的除去未包裹药物的方法（大分子化合物除外）。它不需要复杂的技术，也无须昂贵的仪器，且能够扩大生产。通过不断改换渗析介质可除去所有的游离药物。但是此法很费时，一般在室温条件下，要除去 95% 以上的游离药物至少需要更换三次渗析介质，时间在 10～24h。此外，渗析介质的渗透强度应与脂质体悬液一致，否则在渗析中就会改变脂质体悬液的体积，且可能引起包裹物质的渗漏。

（三）离心法

在不同的离心力下离心是分离除去不同种类脂质体中游离药物的有效方法。为了完全除去游离药物，常常需重复悬浮和多次离心。使脂质体下沉所需的离心力取决于脂质体的大小，在某种程度上还取决于混悬液的絮凝状态。如果脂质体小且分布窄，就需要高速离心及冰冻条件。低速（2000～4000r/min）离心只能使大脂质体沉降。

显然，对于大量脂质体利用高速冰冻离心是极其耗能和昂贵的，因此此法不适于分离小脂质体。对于比较大的脂质体，低速离心可缩短操作时间并且可同时将较稀的脂质体悬液浓缩到所需浓度。为了避免脂质体遭到破坏，必须注意保证重复混悬介质的渗透压与脂质体悬液的渗透压相一致。

六、脂质体的稳定性和灭菌方法

（一）脂质体的稳定性

脂质体作为药物转运系统，满足了药物制剂治疗上的许多要求，具有许多优点。药物由脂质体携带后，能改变其体内的药动学行为，降低毒副作用和提高疗效。但应用程度受到其稳定性的限制。如果体外药物从脂质体中迅速渗漏或在体内未到达靶组织之前脂质体渗漏，将大大限制其作为药物载体的应用。

1. 脂质体的化学稳定性　一般构成脂质体膜的主要成分为天然磷脂，其分子中均含有不饱和脂肪酸链，易氧化水解成过氧化物、丙二醛、脂肪酸及溶血卵磷脂等，后者可进一步水解成甘油磷酸复合物及脂肪酸等。卵磷脂的水解氧化可使膜的流动性降低，促进药物渗漏，因而滞留性变差，易产生聚集而沉淀，且产生毒性。

（1）脂质体的水解

1）pH 对脂质体的影响：研究表明卵磷脂、饱和大豆磷脂和磷脂酰甘油酯等的水解都受pH 的影响。这些磷脂成分均在 pH 6.5 时最稳定，水解速度常数最小。在实验条件下，磷脂酰甘油酯的水解速度比部分饱和的蛋黄卵磷脂的水解速度快。水解产物可以使脂质体混悬液的 pH 下降，加速脂质体的进一步水解。因此，可在脂质体的混悬液中加入缓冲溶液，使 pH 稳定在脂质体最稳定的 pH 范围内。

2）温度对水解的影响：温度升高，加速磷脂的水解，水解速度常数与温度的关系符合Arrhenius 方程。但直线在卵磷脂的相变温度（52℃）处发生断裂。低温下，磷脂膜呈胶态，水解反应需要较高的活化能。因此，可以在较低温度下贮存脂质体。

3）缓冲液种类、浓度和离子强度对水解的影响：卵磷脂的水解主要受酸碱催化的影响。缓冲液的组成对水解反应亦有影响。三价枸橼酸根离子对卵磷脂水解的催化作用最强，而醋酸分子则起负催化作用。缓冲液对水解反应的催化与卵磷脂分子中的饱和程度无关。水解速度常数随缓冲液浓度的升高而增大。由于卵磷脂表面没有静电荷，离子强度对水解的影响不大。

4）表面电荷对水解动力学的影响：在脂质体中加入带电荷的磷脂共同形成磷脂双分子层，可通过降低凝集和融合速率而改善脂质体的物理稳定性。加入蛋黄磷脂酰甘油（EPG）使表面电荷密度达 0.065c m^{-2}时，在离子强度为 0.1 的混悬液中，脂质体的表面 pH（由表面电荷密度、本体 pH、离子种类和离子强度计算)与本体 pH 相差 0.8 个 pH 单位,使卵磷脂的水解速度常数与本体 pH 的关系发生改变。脂质体带电荷后,在酸性介质中,部分饱和的蛋黄卵磷脂和 EPG 的水解速度常数增加,而在碱性介质中则降低,可使脂质体在弱碱性条件下获得最大稳定性。

5) 类脂组成对水解的影响:饱和大豆卵磷脂一般比天然大豆磷脂的水解速率小,尤其是在低温情况下(30~50℃)。因在低温下,饱和豆磷脂在脂质体混悬液中呈胶态。另外,饱和豆磷脂的水解需要较高的活化能。因此,对天然豆磷脂的不饱和脂肪酰链进行氢化,可使其水解变慢,稳定性增强。用饱和磷脂为成膜材料制备的脂质体的有效期在室温或低于室温条件下贮存,比天然磷脂脂质体的有效期延长。

(2) 脂质体的氧化:磷脂分子中都含有不饱和的酰基链,是其过氧化降解的薄弱环节。金属离子、光线及其他形式的辐射、某些有机分子、较高的 pH 等均可加速类脂的自动氧化。然而,自动氧化可被金属螯合剂、抗氧剂如维生素 E、丁基化羟基甲苯等抑制。

维生素 E 是一有效的抗氧剂,被认为是通过与类脂过氧化自由基反应并猝灭单一态的氧分子和对类脂双分子层进行排序(如限制类脂层分子的流动性)等分子机制而发挥其抗氧化作用。维生素 E 分子中的羟基和磷脂分子中的脂肪酸酯羰基间可形成氢键。实验证明,在双分子层中加入 0.1mol 的维生素 E,磷脂的过氧化几乎被完全抑制,脂质体放置 300h 释药 80%,而由 100% 卵磷脂形成的脂质体在 100h 时即释药 100%。

在脂质体双分子层中加入胆固醇使膜固化,可使自由基的生成减少,降低氧化水平,使稳定性显著增强。同时加入胆固醇和维生素 E 可发挥协同抗氧化作用,使蛋黄卵磷脂脂质体在低温无氧条件下长期稳定。在双分子层中加入硬脂胺和磷脂酸分别使膜带正、负电荷后,可使磷脂的氧化分别降低 46% 和 65%。而且因带电后引起脂质体球相互排斥,提高了脂质体的包封率。

姜黄素在脂质体膜中是一种光敏剂,也是自由基清除剂和金属离子络合剂。研究发现,姜黄素在脂质体磷脂的过氧化稳定方面具有双重作用。在光照时,姜黄素在膜中对氧自由基的形成起敏化作用,而且由于其络合 Fe^{3+} 的能力不如 EDTA,因此,光敏作用可被 Fe^{3+} 催化。

胶原蛋白、白蛋白、γ-球蛋白抗类脂的过氧化作用效果类似,均与其在膜中的量有关。在膜中有 10~30mmol 的胶原蛋白时,即可使类脂过氧化降低而使脂质体稳定,不同温度下使过氧化作用降低约 25%。三者浓度相同时的抗氧化作用分别是 56%、45% 和 30%。蛋白质一般均有抗氧化作用,主要是因其可与脂肪酸和过氧化氢自由基相互作用。磷脂的过氧化随贮存温度的升高而增加,有胶原蛋白存在时也有同样效果。

2. 脂质体的物理稳定性

(1) 脂质体粒径的变化及其对稳定性的影响:脂质体粒径的大小影响其在体内的稳定性。大的脂质体缺乏血管通透性,不能通过肝血管的细胞间隙,易被网状内皮系统吞噬,故在体内的半衰期较短。小于 150nm 的脂质体可以减少肝、脾的摄取。单室脂质体(20~50nm)能增加靶部位的聚集和延长其在血液中的半衰期。Vemuri 等研究了体外不同粒径的脂质体与高密度脂蛋白(HDL)的相互作用。结果表明 HDL 明显影响由蛋黄卵磷脂、蛋黄卵磷脂酰甘油酯和胆固醇组成的小粒径脂质体(0.25±0.09)μm 的稳定性,而对大粒径脂质体的稳定性影响不显著。大粒径脂质体表现出多室脂质体的性质,呈现出紧密压缩的同心双分子层"葱头样"构造,当受到 HDL 攻击时,仅最外层的药物渗漏,而保护了内层药物不至于外漏。

含有卵磷脂的脂质体的粒径在贮存期间发生改变，一般可在膜中加入带电荷的成分，如磷脂酰甘油、磷脂酸、硬脂胺等，使粒径变化减小到最低程度。混悬液的离子强度对荷正电荷脂质体表面的 Zata 电位影响而使其大小发生变化，而对荷负电荷的脂质体粒径大小影响不大。

（2）脂质体相分离对其稳定性的影响：当膜中的成分因发生化学降解反应，或者双分子层因温度变化发生相分离，应合理选择双分子层的组成加以克服。有时脂质体在体内与血浆成分结合发生相分离，使其稳定性受到破坏。

（3）包裹药物的外漏

1）双分子层成分对外漏的影响：磷脂双分子层可发生相变和相分离，在相变温度以下时，膜结构处于晶态；在相变温度以上时，处于流体态和液晶态。当发生相变时，可有液态、液晶态和晶态共存，出现相分离现象，使膜的通透性增加，被包裹药物渗漏。

由单纯一种磷脂构成的脂质体相变温度一致，稳定性较差。选用多种不同相变温度的磷脂混合构成脂质体，可使其稳定性增加。胆固醇对磷脂的相变具有双向调节作用。在相变温度以上时，它能抑制磷脂分子中脂肪酰链的旋转异构化运动，降低膜的流动性；在相变温度以下时，膜脂处于晶态排列，它又可诱发脂肪酰链的歪扭构象的产生，阻止晶态的出现。胆固醇分子中的羟基还可与磷脂分子中的羰基以氢键形成复合物。脂肪酰链自由运动的减少，引起膜的压缩，面积减小，结合紧密，流动性降低而使渗透性降低。

双分子层中自由基的产生可加速磷脂的氧化，加入胆固醇可使膜固化，自由基的产生减少，降低氧化水平。双分子层中加入适量胆固醇可大大增加脂质体的稳定性，使磷脂的氧化程度降低。大量实验证明，当膜中胆固醇与磷脂的摩尔比为 1∶1 时，脂质体稳定性最好。

胶原蛋白的抗氧化作用及因其带有正电荷而与卵磷脂间的静电作用使脂质体的稳定性增加，渗透性降低。在双分子层中加入 0.1mol 的维生素 E，胶原蛋白的抗氧化作用几乎被完全抑制，但其抗渗透作用仍然存在。实验证明，胶原蛋白的抗渗透作用的 20% 是由于其抗氧化作用，其余的 80% 则是基于其他的作用机制，如胶原蛋白使脂质体带正电，提高了荷负电荷药物羧基荧光黄（pH 7.4）的包封率，降低药物渗漏。

2）包裹药物性质对其外漏的影响：药物脂质体的稳定性与所包裹药物性质密切相关。有人提出以辛醇/水的分配系数为指标，只有该值的对数 lgpoct 油水分配系数>4.5 的脂溶性药物或 lgpoct<-0.3 的水溶性药物才能形成稳定的药物脂质体。对于具有中间值的药物包封于脂质体后，药物将迅速渗漏。已有实验表明脂溶性好或水溶性特别好的两类药物为脂质体包裹的最佳药物。脂溶性或水溶性都不好的药物，既不易包于脂质体内，且稳定性也差。

3）外界环境对脂质体渗漏的影响：周围环境因素如温度、pH、外力、胆盐等表面活性剂、冷冻融熔等均影响脂质体的稳定性。如脂质体在发生相变时，通透性增加。用相变温度较低的类脂制备脂质体，当机体全身或局部温度升高就可引起脂质体内容物渗漏。人们据此设计了热敏感脂质体。还有一种为 pH 敏感脂质体，当它低于某 pH 时，由于发生化学降解等导致脂肪酸羧基的质子化而引起六方晶相的形成，进而导致药物迅速渗漏。

超声振荡常用于制备单室脂质体。胆盐表面活性剂对脂质体结构的破坏是影响口服给药后药物载体活性的重要因素之一。脂质体对抗外界应力的能力依赖于类脂的组成（尤其是胆固醇）和囊的大小及表面电荷。研究表明，胆固醇含量在 0.15mol 以内的增加对由超声振荡力引起的分解影响较小，胆酸钠对膜的分解作用则明显受到抑制。胆固醇含量在

0.15～0.33mol 范围增加时,膜对超声振荡的稳定性显著增强。

(二) 脂质体的灭菌

1. 高压灭菌　脂质体的高压灭菌存在着脂质体或包封药物的物理和化学变化,以及包封药物损失的风险。

2. 过滤灭菌　过滤灭菌仅适合于粒径在 200nm 以下的脂质体以及低黏度的分散相,且需较高的压力($25kg \cdot cm^{-2}$)。

3. γ 辐照灭菌　γ 辐照是脂质体的可以选择的灭菌方法,其主要问题在于可能引起脂质和药物的辐射损伤以及产生毒理学方面的问题。

4. 无菌操作　当上述方法都不适用时,对热敏感的脂质体,则应进行无菌操作。

七、脂质体的质量控制

脂质体的粒径大小和分布均匀程度与其包封率和稳定性有关,可直接影响脂质体在体内分布与代谢。目前控制的项目如下:

1. 形态、粒径及其分布　采用扫描电镜、激光散射法或激光扫描法测定。根据给药用途不同要求其粒径不同。如注射给药脂质体的粒径应小于 200nm,且分布均匀,呈正态性,跨距小。

2. 包封率的测定

包封率=(脂质体中包封的药物/脂质体中药物总量)×100%

一般采用葡聚糖凝胶、超速离心法、透析法等分离方法将溶液中游离药物和脂质体分离,分别测定,计算包封率。通常要求脂质体的药物包封率达到 80% 以上。

3. 载药量

载药量=[脂质体中药物量/(脂质体中药物+载体总量)]×100%

载药量的大小直接影响到药物的临床应用剂量,故载药量愈大,愈易满足临床需要。

载药量与药物的性质有关,通常亲脂性药物或亲水性药物较易制成脂质体。

4. 药物体内分布的测定　通常可以小鼠为受试对象,将脂质通过静脉注射给药,测定不同时间血药浓度,并定时处死,剖取脏器组织,捣碎分离取样,以同剂量药物作对照,比较各组织的滞留量,进行动力学处理,以评价脂质体在动物体内的分布。脂质体以静脉给药时,选择性的集中于单核-巨噬细胞系统,70%～89% 集中于肝、脾。如卡氮芥脂质体注射液在小鼠尾静脉注射后,卡氮芥主要被肝、脾摄取。40min 在肝中达峰值,8h 仍保持较高的滞留量,较同一时间的卡氮芥水溶液摄取量提高 10 倍。脾对卡氮芥摄取量较肝缓慢而代谢快。又如用放线菌素 D 脂质体对小鼠静注 3h 后,肝、脾和肺中药物浓度分别为游离放线菌素 D 的 12.5 倍、5.1 倍和 1.4 倍;用甲氨蝶呤脂质体对猴静注后,在肝脾中分布的浓度也比甲氨蝶呤静注高得多。

脂质体制剂除由以上几项进行评价外,还应符合有关制剂(如注射剂)通则的规定。

八、脂质体作为生物药物载体的特点和应用

(一) 特点

脂质体有包封脂溶性药物或水溶性药物的特性,药物被脂质体包封后其主要特点:

1. 靶向性和淋巴定向性　脂质体进入体内可被巨噬细胞作为外界异物而吞噬,可治疗肿瘤和防止肿瘤扩散转移,以及肝寄生虫病、利什曼病等单核-巨噬细胞系统疾病。如抗肝利什曼原虫药锑酸葡胺被脂质体包封后,药物在肝中的浓度提高 200~700 倍。脂质体经肌内、皮下或腹腔注射后,首先进入局部淋巴结中。

2. 缓释性　许多药物在体内由于迅速代谢或排泄,故作用时间短。将药物包封成脂质体,可减少肾排泄和代谢而延长药物在血液中的滞留时间,使药物在体内缓慢释放,从而延长了药物的作用时间。如按 6mg/kg 剂量静注阿霉素和阿霉素脂质体,两者在体内过程均符合三室模型,两者的消除半衰期分别为 17.3h 和 69.3h。又如 Assil 等比较了盐酸阿糖胞苷和盐酸阿糖胞苷脂质体在结膜下注射的眼内动力学,发现组织半衰期分别为 0.2h 和52.5h,盐酸阿糖胞苷经 8h 后剩余量不到 1% ,而脂质体经 72h 后还剩余 30% 药物,表明脂质体的缓释性好。

3. 细胞的亲和性与组织相容性　因脂质体是类似生物膜结构的泡囊,对正常细胞和组织无损害和抑制作用,由于具有细胞亲和性与组织相容性,并可长时间吸附于靶细胞周围,使药物能充分向靶细胞靶组织渗透,脂质体也可通过融合进入细胞内,经溶酶体消化释放药物。如将抗结核药物包封于脂质体中,可将药物载入细胞内杀死结核菌,提高疗效。

4. 降低药物毒性　药物被脂质体包封后,主要被单核-巨噬细胞系统的巨噬细胞所吞噬而摄取,且在肝、脾和骨髓等单核-巨噬细胞较丰富的器官中浓集,而使药物在心、肾中累积量比游离药物低得多,因此如将心、肾有毒性的药物或对正常细胞有毒性的抗癌药包封成脂质体,可明显降低药物的毒性。如两性霉素 B,它对多数哺乳动物的毒性较大,制成两性霉素 B 脂质体,可使其毒性大大降低而不影响抗真菌活性。

5. 保护药物提高稳定性　一些不稳定的药物被脂质体包封后可受到脂质体双层膜的保护。如青霉素 G 或 V 的钾盐,为对酸不稳定的抗生素,口服易被胃酸破坏,制成脂质体则可受保护而提高稳定性与口服的吸收效果。

九、脂质体在物药物中的应用

脂质体是一种定向药物载体,属于靶向给药系统的一种新剂型。它可以增强药物的亲细胞性,降低不必要的系统毒性,增强脂溶性药物在体液中的溶解性,调节药物释放模式。在药物研发的许多领域中都应用脂质体作为载体,并取得了很大进展。但随后的研究发现,有些脂质体在体外易氧化渗漏,不能很好地贮存,在体内又易被一些酶类物质降解和巨噬细胞吞噬,不能达到靶组织而有效发挥药物作用。近年来出现了各种类型的新型脂质体。

(一) 柔性脂质体

类脂聚集体加入表面活性剂,如磷脂与胆酸钠制备的脂质体,具有较大的柔性,在一定压力作用下,发生自身形变,主要用于透皮给药,在透皮水合力作用下,可穿过比其粒径小几倍的皮肤孔道,柔性脂质体用于多肽、蛋白质类药物的主要有两种:纳米柔性脂质体和含醇脂质体。

1. 纳米柔性脂质体　纳米柔性脂质体用于多肽、蛋白质类药物非注射给药系统具有安全可靠的优点。

Simoes 等通过构建大鼠关节炎模型,经静脉注射给药 SOD(超氧化物歧化酶)纳米柔性脂质体,给药剂量为 1mg/kg 和 0.66mg/kg,放射影像实验结果显示:SOD 纳米柔性脂质体组的关节损伤度明显小于对照组和安慰剂组;给药剂量 1mg/kg 组的损伤程度明显小于 0.66mg/kg 组。

2. 含醇脂质体　　含醇脂质体是指含醇量高的一类柔性脂质体。卵磷脂在高浓度的醇溶液中能形成脂质囊泡,电子显微镜观察证实,其为多室囊泡。该脂质体制备方法简便,只需将水与含卵磷脂的醇溶液逐步混合即可得到。进一步的透皮实验表明,含醇脂质体具有良好的促进药物透皮扩散作用,为多肽、蛋白质类药物新型脂质体的开发打开了思路。

Godin 等将枯草杆菌肽制成含醇脂质体,研究枯草杆菌肽的透皮吸收剂在细胞内扩散的原理。实验采用异硫氰酸荧光素标记目的蛋白,结果表明,含醇脂质体能促进枯草杆菌肽和磷脂与培养的成纤维细胞融合,其释放原理为含醇脂质体是通过与细胞膜融合后释放药物从而进入细胞。另外,透皮吸收实验表明,含醇脂质体携带的枯草杆菌肽能穿透位于角质层的冠突间的脂膜达到真皮层,该研究为含醇脂质体载药系统用于抗皮肤感染类药物的细胞内或真皮层给药提供了新的思路。

(二) 长循环脂质体

以传统的卵磷脂、胆固醇制备的常规脂质体在体内多被网状内皮系统吞噬,在血液循环中驻留时间较短,且主要靶向于肝、脾脏。近年来,采用聚乙二醇 2000(PEG)脂质衍生物修饰脂质体的研究受到广泛关注,并取得了很大进展。由于经 PEG 修饰后的脂质体表面亲水性增加,降低了其与吞噬细胞的亲和性,因而能逃避网状内皮系统的识别而减少对脂质体的捕获,故又称隐形脂质体。

Amit Kumar 等以胰岛素为模型药物研究了不同类型脂质体的药物释放行为,结果发现:未经任何处理的胰岛素直接给小鼠口服给药,小鼠因低血糖而死亡,相反,口服给药由脂质体包裹的胰岛素的小鼠血糖浓度得到了有效控制,又不致引起大的副作用,尤其是表面经 PEG 改性后的脂质体胰岛素体系,其突释现象较小且药效时间较长。这显然是由于 PEG 的引入使得消化系统酶类对药物的破坏作用和 RES 系统对药物的吞噬作用减弱,从而导致药物在血液中循环时间延长所致。

(三) 前体脂质体

前体脂质体通常为干燥、具有良好流动性能的颗粒或粉末,贮存稳定,应用前与水发生水合即可分散或溶解成等张的脂质体,这种脂质体解决了稳定性和高温灭菌等问题,为工业化生产奠定基础。

Liu 等在难溶于水的喜树碱的 20 位羟基上通过酯化接一个甘氨酸,制成前药,增加了水溶性,而且结构中具有一个胺基,可利用硫酸铵梯度法制得包封率达 90% 的脂质体,给药后该前药在人体生理 pH 环境下水解成喜树碱而发挥作用。肖衍宇等制备了水飞蓟素前体脂质体,既解决了水飞蓟素难溶于水,脂溶性差,口服生物利用率低的缺点,又改善了其体内吸收情况,提高了生物利用率,且制备工艺简单,易于工业生产。

(四) 免疫脂质体

免疫脂质体是机体修饰的脂质体的简称。脂质体本身无特异靶向性,但通过抗体与脂质体连接制成免疫脂质体,该免疫脂质体集脂质体的特性和抗体的导向性于一体,是理想的药物定向传递系统和免疫诊断试剂。近年来,有将肿瘤细胞当作抗原细胞,使产生对抗这种肿瘤细胞的单抗,然后将这种抗体结合到脂质体上,从而使这种脂质体能够将药物定向输送到癌细胞,起到良好的疗效。

将 RDM4 细胞的单抗连接到尿嘧啶核苷热敏脂质体上制备免疫热敏脂质体,将其与细胞共育 1min 后,热敏脂质体和游离药物在细胞内基本无分布,而应用免疫热敏脂质体后,在细胞中已经有一定浓度的药物存在。5min 后,细胞对免疫热敏脂质体中尿嘧啶的摄取量是热敏脂质体的 4 倍,是游离药物的近 7 倍。

第六节　环糊精包合物

一、概　　述

1. 定义　环糊精(cyclodextrin,CD)是直链淀粉在由芽胞杆菌产生的环糊精葡萄糖基转移酶作用下生成的一系列环状低聚糖的总称,通常含有 6~12 个 D-吡喃葡萄糖单元。

2. 环糊精的特点　环糊精(CD)最重要的特点是能在分子空腔内包络有机分子、无机化合物乃至气体分子,形成分子包络物。包络物的稳定性取决于主体环糊精空腔的容积、客体分子的大小、基团性质及空间构型等因素。只有当客体分子与环糊精空腔的几何形状相匹配时,形成的包络物才稳定。

环糊精的功能并不只是限于形成主体,它或多或少地改变了被包含客体的物理化学性质。有时对客体具有类似酶的作用,可以有效地、选择性地将客体分子转化成另一类化合物。这表明环糊精对底物具有一定的识别能力,因而成为优良的人工酶模型,并在有机合成中得到日益广泛的应用。

对环糊精进行结构修饰,即在环糊精的两个面上引入其他的催化功能基团,通过引入柔性或刚性的疏水基团,进而改善环糊精的疏水结合能力和催化功能,这样得到的修饰环糊精通常具有结合部位和双重识别作用,可以实现酶促反应的高效性和高选择性,从而在很大程度上改善环糊精的性能,使其在各个领域的应用更具有优越性。

二、环糊精包合材料

(一) 环糊精

环糊精(cyclodextrin,CD)对酸不稳定,易发生酸解而破坏圆筒形结构。常见的环糊精是有 6、7、8 个葡萄糖分子通过 α-1,4 糖苷键连接而成,分别称为 α-CD、β-CD、γ-CD。其水溶性比无环的低聚糖同分异构体要低得多,原因是:CD 是晶体,晶格能高;分子内的仲羟基形成分子内氢键,使其与周围水分子形成氢键的可能性下降,见表 7-1。

表 7-1　不同环糊精包合物材料性质一览表

项目	α-CYD	β-CYD	γ-CYD
葡萄糖单体数	6	7	8
分子量	973	1135	1297

项目		α-CYD	β-CYD	γ-CYD
分子空穴(nm)	内径	0.45~0.6	0.7~0.8	0.85~1.0
	外径	14.6±0.4	15.4±0.4	17.5±0.4
空穴深度(nm)		0.7~0.8	0.7~0.8	0.7~0.8
$[\alpha]_D^{25}(H_2O)$		+150.5±0.5°	+162.5±0.5°	+177.4±0.5°
溶解度(20℃)(g/L)		145	18.5	232
结晶形状(水中得到)		针状	棱柱状	棱柱状

(二) 环糊精衍生物

由于 β-CD 在圆筒两端有 7 个伯羟基与 14 个仲羟基,其分子间或分子内的氢键阻止水分子的水化,使 β-CD 水溶性降低。如将甲基、乙基、羟丙基、羟乙基等基团引入 β-CD 分子中与羟基进行烷基化反应,破坏了 β-CD 分子内的氢键形成,使其理化性质特别是水溶性发生显著改变。

1. 水溶性环糊精衍生物 常用的是葡萄糖衍生物、羟丙基衍生物及甲基衍生物等。在 CD 分子中引入葡糖基(用 G 表示)后其水溶性显著提高。葡糖基-CD 为常用的包合材料,包合后可提高难溶性药物的溶解度,促进药物的吸收,降低溶血性,还可作为注射用的包合材料。甲基-β-CD 的水溶性较 β-CD 大,二甲基-β-CD 既溶于水,又溶于有机溶剂。25℃水中溶解度为 570g/L,随温度升高,溶解度降低。在加热或灭菌时出现沉淀,浊点为 80℃,冷却后又可再溶解。在乙醇中溶解度为 β-CD 的 15 倍。二甲基-β-CD 刺激性较大,不能用于注射与黏膜给药。

2. 疏水性环糊精衍生物 用做水溶性药物的包合材料,以降低水溶性药物的溶解度,使具有缓释性。常用的有 β-CD 分子中羟基的 H 被乙基取代的衍生物,取代程度愈高,产物在水中的溶解度愈低。乙基 β-CD 微溶于水,比 β-CD 的吸湿性小,具有表面活性,在酸性条件下比 β-CD 更稳定。被包合的有机药物应符合下列条件之一:①药物分子的原子数大于5;②如具有稠环,稠环数应小于 5;③药物的分子量在 100~400;④水中溶解度小于 10g/L,熔点低于 250℃。无机药物大多不宜用环糊精包合。

三、包合物包合过程和药物释放

1. 包合过程 药物形成包合物的过程是药物分子借助分子间力进入包合材料分子空穴的物理过程。其形成过程与立体结构和极性有关,客分子的大小和形状与主分子的空穴相适应,则易形成包合物。包合物的稳定性主要取决于两者的极性和分子间力的强弱。

2. 包合物中药物的释放 包合物在体内被稀释,血液或组织中的某些成分可竞争性置换药物,导致药物的快速释放;包合材料经体内降解亦可缓慢释放出药物。

四、包合物的制备方法

1. 饱和水溶液法 亦称为重结晶法或共沉淀法。将 CD 配成饱和水溶液,加入药物,混合 30min 以上,使药物与 CD 形成包合物后析出,且可定量地将包合物分离出来。

2. 研磨法　取 β-CD 加入 2~5 倍量的水混合,研匀,加入药物,充分研磨成糊状物,低温干燥后,用适宜的有机溶剂洗净,干燥,即得。

3. 冷冻干燥法　此法适用于制成包合物后易溶于水,且在干燥过程中易分解、变色的药物。所得的成品疏松,溶解度好,可制成注射用粉末。

4. 喷雾干燥法　此法适用于难溶性、疏水性药物,所得的包合物溶解度好,生物利用度高。

五、包合物的质量控制

(一) 包合物包合率

包合率(%)= (包合物中含药率×包合物重量)/药物加入量 ×100%

(二) 包合物的验证

1. X 射线衍射法　X 射线衍射法是一种研究晶体结构的分析方法,而不是直接研究试样内含有元素的种类及含量的方法。当 X 射线照射晶态结构时,将受到晶体点阵排列的不同原子或分子所衍射。X 射线照射两个晶面距为 d 的晶面时,受到晶面的反射,两束反射 X 光程差 $2d\sin\theta$ 是入射波长的整数倍时,即 $2d\sin\theta = n\lambda$(n 为整数),两束光的相位一致,发生相长干涉,这种干涉现象称为衍射,晶体对 X 射线的这种折射规则称为布拉格规则。θ 称为衍射角(入射或衍射 X 射线与晶面间夹角)。n 相当于相干波之间的位相差,n=1,2,…时各称 0 级、1 级、2 级……衍射线。反射级次不清楚时,均以 n=1 求 d。晶面间距一般为物质的特有参数,对一个物质若能测定数个 d 及与其相对应的衍射线的相对强度,则能对物质进行鉴定。

2. 红外光谱法　红外光谱法又称"红外分光光度分析法"。是分子吸收光谱的一种。根据不同物质会有选择性的吸收红外光区的电磁辐射来进行结构分析;对各种吸收红外光的化合物的定量和定性分析的一种方法。物质是由不断振动状态的原子构成,这些原子振动频率与红外光的振动频率相当。用红外光照射有机物时,分子吸收红外光会发生振动能级跃迁,不同的化学键或官能团吸收频率不同,每个有机物分子只吸收与其分子振动、转动频率相一致的红外光谱,所得到的吸收光谱通常称为红外吸收光谱,简称红外光谱"IR"。对红外光谱进行分析,可对物质进行定性分析。各个物质的含量也将反映在红外吸收光谱上,可根据峰位置、吸收强度进行定量分析。

3. 核磁共振波谱法　核磁共振波谱法是研究处于强磁场中的原子核对射频辐射的吸收,从而获得有关化合物分子结构信息的分析方法。

4. 荧光光度法　利用物质吸收较短波长的光能后发射较长波长特征光谱的性质,对物质定性或定量分析的方法。

5. 色谱法　色谱法又称"色谱分析""色谱分析法""层析法",是一种分离和分析方法,在分析化学、有机化学、生物化学等领域有着非常广泛的应用。

6. 热分析法　热分析技术是在温度程序控制下研究材料的各种转变和反应,如脱水,结晶-熔融,蒸发,相变等以及各种无机和有机材料的热分解过程和反应动力学问题等,是一种十分重要的分析测试方法。

7. 薄层色谱法　薄层色谱法(TLC),系将适宜的固定相涂布于玻璃板、塑料或铝基片上,成一均匀薄层。待点样、展开后,根据比移值(Rf)与适宜的对照物按同法所得的色谱图的比移值(Rf)作对比,用以进行药品的鉴别、杂质检查或含量测定的方法。薄层色谱法是快速分离和定性分析少量物质的一种很重要的实验技术,也用于跟踪反应进程。

8. 紫外分光光度法　是根据物质分子对波长为 200~760nm 的电磁波的吸收特性所建立起来的一种定性、定量和结构分析方法。

9. 溶出度法　是指药物从片剂等固体制剂在规定溶剂中溶出的速度和程度。

六、环糊精包合技术在生物药物中的应用

1. β-环糊精衍生物与核糖核酸酶的相互作用　牛胰核糖核酸酶存在于牛胰中,简称 RNase I。牛胰核糖核酸酶由 124 个氨基酸组成,有四对二硫键,通过二硫键和次级键,肽链盘曲折叠成三级结构,具有催化活性。牛胰核糖核酸酶是具有极高专一性的内切酶,可以使 RNA 水解。

牛胰核糖核酸酶在 β-巯基乙醇和尿素作为变性剂的情况下由原来的球形刚性结构变成了核糖核酸酶的疏水基团得以暴露,从而有利于 β-环糊精对其包合,形成稳定的非共价修饰物。环糊精不仅具有较强的催化作用,而且和酶结合后还可以改变酶的催化活性。

2. 羟丙基环糊精与核糖核酸酶的相互作用　经过化学修饰后的羟丙基环糊精打开了环糊精的分子内氢键,增加了空腔体积,增加了复合物的稳定性,并且是无定形物质,结晶性降低,在水中的溶解度大大提升,形成复合物的能力也有所上升。

羟丙基环糊精本身具有一定的催化活性,但比同浓度的核糖核酸酶催化活性要低 50%;羟丙基环糊精与核糖核酸酶结合形成的非共价修饰物,比核糖核酸酶的催化活性要高 27%,比羟丙基环糊精单独存在时的催化活性要高 2.6 倍;核糖核酸酶变性处理后形成的非共价修饰物与羟丙基环糊精和核糖核酸酶结合形成的非共价修饰物催化活性相比差别很小。

3. 羟丙基-β-环糊精与淀粉酶的作用　未加入羟丙基-β-环糊精的淀粉酶水解淀粉,其还原糖含量为 7.99%,而在加入羟丙基-β-环糊精与淀粉酶相互作用后,再用淀粉酶去水解淀粉,其还原糖含量为 11.73%。结果表明,在有羟丙基-β-环糊精作用后,还原糖含量增加较为明显,淀粉酶的水解能力提高 46.8%。

第八章 新型靶向药物载体给药系统

第一节 概 述

一、概 念

靶向制剂又称靶向给药系统(targeting drug delivery system, TDDS),是载体将药物通过局部给药或全身血液循环而选择性地使药物浓集于靶器官、靶组织、靶细胞且疗效高、毒副作用小的给药系统,为第四代药物制剂,且被认为是抗癌药的适宜剂型。

二、靶向给药系统的特点

靶向给药系统能将治疗药物专一性的导向身体所需发挥作用的靶区,对非靶组织没有或几乎没有作用,是一种新型的制剂技术与工艺。理想靶向给药系统的靶向制剂应具备定位浓集、控制释药以及无毒可生物降解三个要素。

靶向给药系统应具有以下作用特点:

(1) 使药物具有药理活性的专一性,增加药物对靶组织的指向性和滞留性。

(2) 降低药物对正常细胞的毒性:将抗病毒化疗药物与肝靶向的载体偶联,使药物定向转运到肝脏,提高肝脏的血药浓度,增强药物的疗效,对非靶器官和组织的毒副作用较低。

(3) 减少剂量,提高药物制剂的生物利用度。

(4) 提高药物的稳定性:一些不稳定的药物被靶向制剂的载体包裹后可以保护药物与外界不稳定因素接触。

第二节 靶向给药系统的分类和靶向性评价

一、传 统 分 类

(1) 按载体的不同,靶向制剂可分为脂质体、毫微粒、毫微球、复合型乳剂等。

(2) 按给药途径的不同分为口腔给药系统、直肠给药系统、结肠给药系统、鼻腔给药系统、皮肤给药系统及眼用给药系统等。

(3) 按靶向部位的不同可分为肝靶向制剂、肺靶向制剂、脑靶向制剂等。

(4) 按靶向部位和作用方式分类,药物的靶向从到达的部位讲可分三级,即:第一级指到达特定的靶组织或靶器官;第二级指到达特定的细胞;第三级指到达细胞内特定的部位。

(5) 从方法上分类,靶向制剂可大体分为被动、主动、物理化学靶向制剂三种。

二、详 细 分 类

（一）被动靶向制剂

也称自然靶向制剂,这是利用载药微粒进入体内即被巨噬细胞作为外界异物吞噬的自然倾向而产生的体内分布特征。这类靶向制剂是利用脂质、类脂质、蛋白质、生物降解高分子物质作为载体将药物包裹或嵌入其中制成的微粒给药系统。

被动靶向的微粒经静脉注射后其在体内的分布首先取决于粒径的大小,小于 100nm 的纳米囊或纳米球可缓慢积集于骨髓;小于 3μm 时一般被肝、脾中巨噬细胞摄取;大于 7μm 的微粒通常被肺的最小毛细管床以机械滤过方式截留,被单核细胞摄取进入肺组织或肺气泡。此外,微粒的表面性质对分布也起重要作用。被动靶向制剂的载药微粒包括:脂质体、乳剂、微囊和微球、纳米囊和纳米球等。

1. 脂质体　系指将药物包封于类脂质的双分子层内形成的微型泡囊,为类脂小球或液晶微囊。

2. 靶向乳剂　乳剂的靶向性在于它对淋巴的亲和性。油状药物或亲脂性药物制成的 *O/W* 或 *O/W/O* 静脉复乳,使得原药物浓集于肝、脾、肾等巨噬细胞丰富的组织器官。

3. 微囊和微球　指药物溶解或分散在辅料中形成的微小球状实体或囊泡。

4. 纳米囊和纳米球　纳米囊属药库膜壳型,纳米球属基质骨架型。粒径 10~1000nm 在水中形成近似胶囊的溶液。可穿透细胞壁打靶点,不阻塞血管,可靶向肝、脾和骨髓。

（二）主动靶向制剂

主动靶向制剂(active targeting preparation)是用修饰的药物载体作为“导弹”,将药物定向地运送到靶区浓集发挥药效。如载药微粒经表面修饰后,不被巨噬细胞识别,或因连接有特定的配体可与靶细胞的受体结合,或连接单克隆抗体成为免疫微粒等原因,而能避免巨噬细胞的摄取,防止在肝内浓集,改变微粒在体内的自然分布而到达特定的靶部位;亦可将药物修饰成前体药物,即能在活性部位被激活的药理惰性物,在特定靶区被激活发挥作用。如果微粒要通过主动靶向到达靶部位而不被毛细血管(直径 4~7μm)截留,通常粒径不应大于 4μm。

（三）物理化学靶向制剂

物理化学靶向制剂(physical and chemical targeting preparation)是应用某些物理化学方法可使靶向制剂在特定部位发挥药效。包括以下几种制剂:

（1）磁性靶向制剂:采用体外响应导向至靶部位的制剂。主要有磁性微球、磁性纳米囊。

（2）栓塞靶向制剂:动脉栓塞:通过插入动脉的导管将栓塞物输送到组织或靶器官的医疗技术。

（3）热敏靶向制剂:①热敏脂质体;②热敏免疫脂质体。

（4）pH 敏感的靶向制剂:①pH 敏感的脂质体;②pH 敏感的口服结肠定位给药系统。

三、靶向性评价

药物制剂的靶向性可由以下三个参数来衡量：

1. 相对摄取率（r_e）

$$r_e = (AUC_i)_p / (AUC_i)_s$$

式中，AUC_i由浓度-时间曲线求得的第 i 个器官或组织的药时曲线下面积；脚标 p 和 s 分别表示药物制剂药物溶液。r_e大于 1 表示药物制剂在该器官或组织有靶向性，r_e愈大靶向效果愈好；等于或小于 1 表示无靶向性。

2. 靶向效率（t_e）

$$t_e = (AUC)_{靶} / (AUC)_{非靶}$$

式中，t_e表示药物制剂或药物溶液对靶器官的选择性。t_e值大于 1 表示药物制剂对靶器官比某非靶器官有选择性；t_e值愈大，选择性愈强；药物制剂的 t_e值与药物溶液的 t_e值相比，表示药物制剂靶向性增强的倍数。

3. 峰浓度比（C_e）

$$C_e = (C_{max})_p / (C_{max})_s$$

式中，C_{max}为峰浓度，每个组织或器官中的 C_e值表明药物制剂改变药物分布的效果，p 和 s 分别表示药物制剂与药物溶液。C_e值愈大，表明改变药物分布的效果愈明显。

第三节　改善生物药物靶向性质的方法

一、蛋白质多肽类药物的结构修饰

（一）蛋白质和多肽类药物的结构修饰

蛋白质是一类重要的生物大分子，是构成生物体的基本成分。蛋白质的生物活性是由特定的化学结构和空间结构决定的，化学结构不变，而空间结构破坏导致蛋白质生物学功能的丧失的过程称为蛋白质变性或去折叠。化学结构发生改变才称为蛋白质的化学修饰。有的情况下，化学结构改变并不影响蛋白质的生物学活性，这些修饰称为非必需部分的修饰。但是在大多数情况下，蛋白质化学结构的改变将导致生物活性的改变。

蛋白质和多肽进行化学修饰的目的是用于生物医学和生物技术方面。在生物医学方面，化学修饰可以降低免疫原性的免疫反应性、抑制免疫球蛋白 E 的产生等。在生物技术领域，酶经过化学修饰后能够在有机溶剂中高效地发挥催化作用，并表现出特异的催化性能。化学修饰是研究蛋白质的结构与功能关系的一种重要手段，也是定向改造蛋白质性质的一种有力工具。

1. 蛋白质和多肽分子侧链基团的改变　蛋白质和多肽分子侧链基团的修饰是通过选择性的试剂或亲和标记试剂与蛋白质分子侧链上特定的功能基团发生化学反应而实现的。

（1）巯基修饰：由于巯基具有很强的亲核性，巯基基团一般是蛋白质分子中最容易反应的侧链基团。烷基化试剂和其他一些卤代酸或卤代酰胺是重要的巯基修饰试剂。这种修饰的优点是容易做到定量定位修饰，可使修饰蛋白的生物活性全部保留，是人们最先研究的特异性修饰。

（2）氨基修饰：非质子化的赖氨酸的 ε-氨基是蛋白质分子中亲核反应活性很高的基团。氨基的烷基化、利用氰酸盐使氨基甲氨酰化是重要的赖氨酸修饰方法。

（3）羧基修饰：目前应用最普遍的标准方法是用水溶性的碳化二亚胺类特定修饰蛋白质分子的羧基基团，产物一般是酯类或酰胺类，它在比较温和的条件下就可以进行。用甲醇的盐酸溶液也可与羧基发生酯化反应。由于羧基在水溶液中的化学性质使得这类修饰方法很有限。

（4）其他侧链修饰：另外还有咪唑基、酚和脂肪族羟基和二硫键等的化学修饰。这些修饰反应与大多数有机反应不同的一个重要的特征是反应条件要温和得多，这是防止蛋白质分子变性的一个必要条件。pH 决定了具有潜在反应的能力的基团所处的可反应和不可反应的离子状态，因此是影响化学修饰反应的最重要的条件。另外也要考虑温度、溶剂的影响。

在 20 种构成蛋白质的常见氨基酸中，只有极性的氨基酸残基的侧链基团才能够进行化学修饰，并且反应试剂的专一性不够。为了克服这一缺陷，人们开始使用亲和性标记试剂，这些化合物是具有化学反应性的蛋白质分子的底物或配体的类似物。由于结构的相似性，他们对底物或配体的结合部位具有亲和性和饱和性，显示了高度的位点专一性。

2. 蛋白质分子中主链结构的改变　改变主链结构的技术常用于胰岛素的化学结构修饰。胰岛素是最简单和应用最为广泛的蛋白质之一，也是被研究最多的蛋白质。注射胰岛素，可以治疗糖尿病。将化学修饰技术运用于胰岛素的目的是获得有临床价值的胰岛素衍生物，主要包括长效胰岛素、速效胰岛素和口服胰岛素，这些衍生物具有良好的应用前景和潜在的巨大价值。

（1）肽链氨基酸切除：胰岛素是由 A 和 B 两条肽链构成，肽链之间靠两对二硫键相连接。随着对胰岛素结构研究的深入，人们了解了越来越多链段的信息和相应的功能。如胰岛素 B 链氨端的八肽是胰岛素分子的结构易变区，具有较强的柔性和易变性。移去 B 链氨端 B1-Phe 并不影响胰岛素生物活力，但免疫活力显著下降。不同部位的胰岛素化学修饰物的研究结果表明，胰岛素 A 链 N 端甘氨酸（Gly）是影响胰岛素分子与其受体相互诱导契合作用以及活性作用正常发挥的重要部位之一。这些胰岛素修饰物的结构信息将为胰岛素结构域功能研究提供结构基础，对解释胰岛素与受体分子的结合相互作用有重要意义。

（2）氨基酸定位突变：采用定位诱变（突变）技术在目标基因的预定位点导入突变，然后在适当的载体系统-宿主细胞中表达经过改变的基团，可以获得主链结构有特定改变的蛋白质分子。

（二）蛋白质和多肽药物进行结构修饰的优势

化学修饰是一种重要的设计蛋白质和多肽的手段。迄今为止，已有一百多种蛋白质被修饰后在临床应用中显示出优良性质，如：物理和热稳定性增强；对酶降解敏感程度降低；溶解度增大；在体内循环半衰期延长、清除时间增长；免疫原性和抗原性降低；毒性减小。化学修饰为蛋白质在生物医药和生物技术领域的广泛应用提供了一条新颖而有效的途径。

二、反义寡核苷酸的化学修饰

不经修饰的 ODN 不论在体液内还是细胞中都极易被降解，不能发挥其反义作用。采用经化学修饰的 ODN,可减少核酸酶对 ODN 的降解。对 ODN 进行化学修饰的方法主要有三方面：

1. 碱基修饰　主要为杂环修饰、5-甲基胞嘧啶和二氨基嘌呤。

2. 核糖修饰　主要为己糖、2′-0-甲基取代核糖、环戊烷、α 构象核糖。

3. 磷酸二酯键修饰　主要为硫代和甲基代修饰。其中硫代寡核苷酸、混合骨架寡核苷酸和多肽核酸应用广泛,成为具有代表性的第一、二、三代反义寡核苷酸。

第四节　常用的靶向修饰剂

一、生物素-亲和素系统

(一) 定义

生物素-亲和素系统(Biotin-Avidin—System,BAS)是 20 世纪 70 年代末发展起来的一种新型生物反应放大系统。随着各种生物素衍生物的问世,BAS 很快被广泛应用于医学各领域。近年来大量研究证实,生物素-亲和素系统几乎可与目前研究成功的各种标记物结合。生物素与亲和素之间高亲和力的牢固结合以及多级放大效应,使 BAS 免疫标记和有关示踪分析更加灵敏。它已成为目前广泛用于微量抗原、抗体定性、定量检测及定位观察研究的新技术。

(二) 生物素-亲和素的应用

(1) 在许多蛋白研究领域中,生物素标记肽通常与亲和素结合而被检测或纯化,常用技术包括:免疫印迹、ELISA、免疫沉淀等。

锁定蛋白或其他蛋白复合物,使用生物素化多肽作为诱饵可从某样品中捕获某一特定的结合成分。其中一个策略就是使用链霉素亲和素一步法捕获体内生物素化蛋白和串联亲和纯化,即传统亲和标签(FLAG 或 6HIS)外加一个生物素多肽。

(2) BAS-ELISA 是在常规 ELISA 原理的基础上,结合生物素(B)与亲和素(A)间的高度放大作用,而建立的一种检测系统。生物素很易与蛋白质(如抗体等)以共价键结合。这样,结合了酶的亲和素分子与结合有特异性抗体的生物素分子产生反应,既起到了多级放大作用,又由于酶在遇到相应底物时的催化作用而呈色,达到检测未知抗原(或抗体)分子的目的。

(三) BAS 用于检测的基本方法可分为三大类

第一类是标记亲和素连接生物化大分子反应体系,称 BA 法,或标记亲和素生物素法(LAB)。

第二类以亲和素两端分别连接生物素化大分子反应体系和标记生物素,称为桥联亲和素-生物素法(BRAB)。

第三类是将亲和素与酶标生物素共温形成亲和素-生物素-过氧化物酶复合物,再与生物素化的抗抗体接触时,将抗原-抗体反应体系与 ABC 标记体系连成一体,称为 ABC 法。这一方法可以将微量抗原的信号放大成千上万倍,以便于检测。

（四）生物素-亲和素系统的优势

1. 灵敏度　生物素容易与蛋白质和核酸类等生物大分子结合,形成的生物素衍生物,不仅保持了大分子物质的原有生物活性,而且比活度高,具多价性。此外,每个亲和素分子有四个生物素结合部位,可同时以多价形式结合生物素化的大分子衍生物和标记物。因此,BAS 具有多级放大作用,使其在应用时可极大地提高检测方法的灵敏度。

2. 特异性　亲和素与生物素间的结合具有极高的亲和力,其反应呈高度专一性。因此,BAS 的多层次放大作用在提高灵敏度的同时,并不增加非特异性干扰。而且,BAS 结合特性不会因反应试剂的高度稀释而受影响,使其在实际应用中可最大限度地降低反应试剂的非特异作用。

3. 稳定性　亲和素结合生物素的亲和常数可为抗原-抗体反应的百万倍,二者结合形成复合物的解离常数很小,呈不可逆反应性;而且酸、碱、变性剂、蛋白溶解酶以及有机溶剂均不影响其结合。因此,BAS 在实际应用中,产物的稳定性高,从而可降低操作误差,提高测定的精确度。

4. 普遍适用性　生物素-结合素系统的多功能性还能提供一套统一的研究方法。例如对于某待测分子,已经得到了对于该分子的生物素标记抗原,从而配合结合亲和素的胶体金可以在电镜下观测,配合结合荧光标记的亲和素可以使用流式细胞仪筛选,配合连接到酶的亲和素可以进行 ELISA 等免疫组化实验。

5. 其他　BAS 可依据具体实验方法要求制成多种通用性试剂(如生物素化第二抗体等)适用于不同的反应体系,而且都可高度稀释,用量很少,实验成本低;尤其是 BAS 与成本高昂的抗原特异性第一抗体偶联使用,可使后者的用量大幅度减少,节约实验费用。此外,由于生物素与亲和素的结合具高速、高效的特性,尽管 BAS 的反应层次较多,但所需的温育时间不长,实验往往只需数小时即可完成。

二、Arg—Gly—Asp 肽

1. 定义　Arg—Gly—Asp 肽(RGD 序列)广泛存在与生物体内,是整合素与其配体蛋白相互作用的识别位点。

2. RGD 肽与整合素家族　整合素家族是一个由许多结构和功能相似的蛋白质所组成的膜受体家族,每个成员的分子都是由 α、β 两条链(亚基)通过非共价键连接形成的跨膜异二聚体糖蛋白,是细胞表面重要的兼具黏附和信号传导功能的受体。现已经发现了由 18 种 α 亚基和 8 种 β 亚基构成的 24 种整合素,α 和 β 亚基共同决定整合素的受体特异性。整合素通过胞外域与细胞外基质,胞内段与细胞骨架、信号转到分子和其他一些蛋白相结合,介导细胞内外之间的双向信号传递。一方面,细胞内信号通过整合素传导,使其活化,从而调节整合素与细胞外配体的亲和力;另一方面,整合素与配体结合后把胞外信号传入细胞内,导致细胞骨架重组、基因表达和细胞分化等。整合素在细胞的黏附、增殖、分化、转移、凋亡等过程中起着重要的调控作用,在肿瘤的侵袭转移中发挥着重要作用,αrβ3 就是其中一种重要分子。研究表明,整合素 αrβ3 在骨肉瘤、肺癌、乳腺癌、前列腺癌、膀胱癌等多种实体肿瘤细胞表面有高水平的表达。

RGD 三肽序列能与整合素 αrβ3 特异结合,发挥拮抗作用。

3. RGD 肽与肿瘤定位　随着生长抑素受体显像剂在临床上的应用,肿瘤受体显像越来越受到重视。

αrβ3 整合素在多种肿瘤细胞表面和新生血管内皮细胞上有高表达,而在成熟血管内皮细胞核绝大多数正常器官系统中 αrβ3 不表达或者少量表达而在绝大多数正常器官系统中的成熟血管内皮细胞核中 αrβ3 不表达或者少量表达。运用 RGD 肽对 αrβ3 整合素的非侵入性成像,在临床上用于肿瘤部位的成像和定位。

三、穿　膜　肽

（一）定义

细胞穿膜肽(cell penetrating peptides,CPPs)是一类具有细胞穿透功能、长度为几个至几十个不等带有正电荷的氨基酸序列。它们可以双向穿过细胞膜进入细胞质甚至细胞核,而细胞膜却完好无损。这些天然的或人工合成的多肽具有水溶性、低裂解性并通过非吞噬作用进入各种细胞膜,称为穿膜肽。

（二）细胞穿膜肽分类

细胞穿膜肽分为蛋白衍生肽、模型肽和合成肽。

蛋白衍生肽是蛋白转导结构域(protein transduction domain,PTDs)中的小片段,如 Tat 蛋白中的 TAT 多肽(TATp)、黑腹果蝇触足肽(antennapedia,Antp)同源结构域的 Penetra-tinTM、膜移位序列和基于信号序列的多肽等。

模型肽是模拟已知 CPPs 穿膜性能的多肽,如模型两亲性螺旋肽(MAP)。合成肽则是将来源不同的亲水性和疏水性结构域融合后得到的多肽,如转运子。MAP 的细胞摄取最快,传递效率最高,其次为转运子、TATp。

（三）穿膜肽的穿膜机制

穿膜肽作为一种载体应用已有近 20 年的历史,它们的穿膜效率比较相近,但是它们各自的穿膜机制可能相差很远。穿膜肽包括如下几种穿膜机制:

（1）穿膜肽带正电荷的氨基酸残基与细胞膜脂双层上的负电荷基团相互作用。

（2）当穿膜肽穿膜时,细胞膜会形成一个孔道,携带的物质可以从孔道插入细胞而不至于暴露于生物膜中间的输水空间。

（四）穿膜肽的优势

细胞膜亲和性高;穿膜速度快;可迅速被降解;对细胞膜没有破坏性。

四、半　乳　糖

半乳糖$[CH_2OH(CHOH)_4CHO]$是单糖的一种,可在奶类产品或甜菜中找到。半乳糖是一种由六个碳和一个醛基组成的单糖,归类为醛糖和己糖,见图 8-1。半乳糖是哺乳动物的乳汁中乳糖的组成成分,从蜗牛、蛙卵和牛肺中已发现由 D-半乳糖组成的多糖。它常以

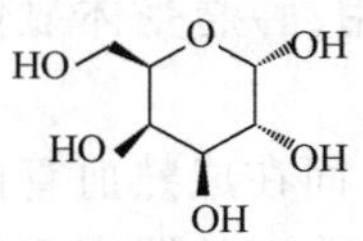

图 8-1　半乳糖结构式

D-半乳糖苷的形式存在于大脑和神经组织中,也是某些糖蛋白的重要成分,在肠道内吸收最快的单糖是半乳糖。

肝脏疾病是临床上的常见病和多发病,其药物治疗主要依靠药物分子到达肝脏病变部位,杀灭致病病毒、修复受损组织或消除疾病症状。肝靶向给药系统可将药物有效输送至肝脏病变部位,减少其前身分布,减少用药剂量和给药次数,降低其不良反应,积极推动了肝脏疾病治疗的发展。重要的肝靶向途径有半乳糖受体、甘露醇受体、抗体介导等的靶向。

五、凝 集 素

(一) 定义

凝集素是一种特异识别并结合蛋白或脂质上糖复合物的蛋白质或糖蛋白。它的这种特性早在 1888 年就被人们所认识,当时年轻的医生 Hermann Stillmark 在蓖麻籽萃取物中发现了一种细胞凝集因子,具有凝集红细胞的作用,后来这类具有红细胞凝集活性的物质就被命名为红细胞凝集素。上世纪 50 年代,人们开始用凝集素来命名这种具有特异糖基识别和结合能力的红细胞凝集物质。1980 年,Nature 杂志上发表了研究凝集素的 5 位著名科学家的联名信,定义凝集素为:

(1) 一种蛋白或糖蛋白。

(2) 必须有专一地与糖基结合的特性,但是排除免疫来源的针对糖基的抗体。

(3) 同时规定凝集素具有使细胞凝集或使糖缀合物沉淀的特点。

因此凝集素分子必须具有两个以上糖基结合位点。由于凝集素具有结合特异糖基的特点,而且凝集素-糖基的相互作用在生物体中广泛存在,因此可将凝集素用于靶向递药系统的构建,见图 8-2。

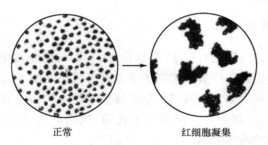

正常　　　　　　红细胞凝集

图 8-2　显微镜下的红细胞凝集现象

(二) 凝集素介导靶向递药原理

许多细胞表面的蛋白和脂质被糖基化,这些糖基位点能够被特异的凝集素识别并结合。为数不多的糖基组合就能够产生很多不同的化学结构(糖基序列)。由于机体的不同部位或同部位不同细胞类型表达的糖基序列不同,非正常的细胞(转化或癌变)与正常细胞表达的糖基序列不同,因此以凝集素作为靶向头基,可将药物载体定位靶向到特定的组织细胞。

凝集素-糖基特异相互作用除了将凝集素靶向结合到特定细胞外,还可将信号传导到细胞内以诱导细胞的内吞或胞吞转运。反之,也有一些细胞表达凝集素,同样可将糖基作为靶向头基,介导药物载体的靶向递药。

(三) 凝集素介导靶向递药的分类

1. 利用凝集素介导靶向递药策略有两种　即分别将糖或凝集素作为靶向递药系统的一部分。

第一种:将低聚糖或糖复合物作为递药系统的一部分,以糖基作为靶向头基,递药系统能够被内源性的凝集素所识别、结合并内化。应用十分广泛的靶点表达在肝脏的去唾液酸糖蛋白受体,它在体内能够与半乳糖基特异结合,用以清除血浆中的去唾液酸糖蛋白。在靶向递药研究中,常以半乳糖作为靶向头基,用于载药系统的肝脏靶向。这种递药系统的构建,关键是要考虑到糖基和凝集素的亲和力问题。两者的亲和力与糖基的密度(价态)存在着密切的关系:糖基密度小时,同时只能有一个糖基(单价糖基)与一个凝集素分子结合,亲和力弱,无法实现体内应用;二价半乳糖基与体内凝集素的亲和力大大增强,但由于体内存在高亲和力的糖蛋白,与之竞争结合凝集素受体,该递药系统又易被肾脏滤过清除,同样不适合体内应用;三价半乳糖由于能够同时有三个糖基与去唾液酸糖蛋白受体的三个亚单位结合,亲和力大大提高,方达到体内应用的结合阈值。

第二种:以凝集素修饰递药系统,靶向内源性糖基位点。机体生物膜上表达多种糖基,这种以外源性凝集素作为靶向头基的递药系统,就可与特定生物膜上表达的糖基特异识别、结合,并通过这种相互作用将生物信号传导给细胞,实现载药系统在靶部位的结合和内化。

2. 根据递药系统的构成可分为两类　第一类:靶向头基直接与药物链接;Wirth 等将麦胚凝集素与阿霉素链接,得到复合物靶向效果较好,对细胞生长抑制作用较游离药物增强。

第二类:靶向头基修饰载药系统,如凝集素修饰载药系统:载药系统在保护药物的同时可提高载药量,更适合于多肽蛋白类药物的递送,目前已广泛用于多肽蛋白疫苗的递送。与凝集素修饰前药相比,凝集素修饰递药系统可以诱导更强更快的胞吞转运过程。

(四) 凝集素的应用

1. 凝集素介导胃肠道靶向递药　口服给药简易方便,吸收面积大,是最理想、最常用的给药途径。口服药物的有效吸收必须符合一些条件:在胃肠道不被降解;停留时间足够长以利吸收。肠道停留时间短是口服给药后限制药物吸收的主要因素之一。此外,药物经肠道上皮细胞吸收还需克服以下屏障:黏液层,连接紧密的微绒毛和细胞表面糖基,后者由锚定的糖复合物和吸附酶构成,三者构成了药物吸收的扩散屏障和酶屏障。由此,提高口服药物吸收的有效办法之一是采用合适的生物黏附系统,延长药物在肠腔的停留时间,同时克服口服药物吸收的扩散屏障和酶屏障。凝集素修饰的递药系统可同时满足上述要求:凝集素能够与胃肠道黏液或上皮细胞上的糖基特异结合,延长递药系统在胃肠道的停留时间,同时利用凝集素与糖基的特异相互作用,介导肠道上皮细胞对递药系统的内化,采用合适的载体包载药物又可保护药物不被降解,因而是很有前景的递药系统。

2. 凝集素介导鼻黏膜靶向递药　鼻黏膜通透性较好,黏膜下血管丰富,鼻腔中酶含量较胃肠道少,药物鼻腔给予方便,能避过首过效应,起效迅速,因而受到广泛关注,特别适合剂量不大的多肽蛋白药物的体内应用。

3. 凝集素介导肺部靶向递药 与其他的给药途径相比,肺部给药具有吸收表面积大、吸收部位血流丰富、酶活性较低、上皮屏障较薄、膜通透性高、能避开肝脏的首过效应等优点,尤其适用于蛋白质和多肽药物的给药。

4. 凝集素介导口腔吸收 口腔吸收面积约 $50cm^2$,表面由透过能力较差的非角化细胞构成。口腔给药易受唾液冲刷,因此生物黏附制剂成为首选。凝集素作为第二代生物黏附材料,同样可用于口腔递药。

5. 凝集素介导眼部给药 眼部直接与外界相通的主要有两种黏膜:结膜和角膜,它们也是药物眼部吸收的主要部位。组织化学研究发现在人类的角膜和结膜上均存在凝集素的结合位点,递药系统经凝集素修饰后,可望延长其眼部停留时间,增加药物的局部吸收。

六、转铁蛋白-转铁蛋白受体系统

铁是机体重要的化学微量元素之一,参与多种生理和生物化学过程。人类主要通过体内能与铁结合的蛋白质从食物中摄取铁。转铁蛋白和转铁蛋白受体是细胞铁代谢中的重要蛋白成分,其主要功能是介导进入细胞,使细胞摄取铁。

(一) 定义

转铁蛋白(Transferrin,Tf)是一类广泛存在于脊椎动物体液及其细胞中的 II 类跨膜糖蛋白家族,主要有血清运铁蛋白、卵运铁蛋白和乳转铁蛋白 3 种类型。Tf 是一种 β_1 球蛋白,分子量为 77kD,约占血浆蛋白总量的 0.3% ~ 0.5%。主要在肝脏合成,其主要作用是运载细胞外的铁,通过细胞膜受体介导的内吞作用,将铁转入细胞内。每分子转铁蛋白能结合二原子铁。由于细胞内的许多酶类,如:合成的关键酶(核糖核苷酸还原酶)需要铁作为辅基,因此转铁蛋白对细胞的生长及存活是十分必要的。转铁蛋白按其含铁的数目,分为铁饱和转铁蛋白、单铁转铁蛋白、脱铁转铁蛋白。生理 pH 下,带双铁的转铁蛋白与其受体的亲和力最大,带单铁者次之,无铁者亲和力最弱。转铁蛋白大量存在于人血管中,安全、无毒。转铁蛋白可协助血浆糖蛋白运载铁离子至正常细胞,肿瘤细胞对铁离子的需求相对大于正常细胞,因此转铁蛋白已作为药物载体用于肿瘤的靶向治疗。

(二) 转铁蛋白受体

转铁蛋白受体(transferrin receptor,TfR)是一种跨膜糖蛋白,其功能是通过与转铁蛋白的相互作用介导铁的吸收。TfR 分子量约 17~20kD。包含两个由二硫键连接的亚基,每分子包括胞内、胞外亲水部分及 28 个氨基酸残基的跨膜部分。在正常细胞中,受体的表达水平较低,由于快速生长的肿瘤细胞对铁的需求量增加,肿瘤细胞中的转铁蛋白受体的表达显著增加。

目前已发现有两种转铁蛋白受体,TfR_1 和 TfR_2,两者均为 II 型跨膜糖蛋白,都能与转铁蛋白结合并介导铁的吸收。TfR_1 在许多细胞(如红血细胞、肝细胞、单核细胞和血脑屏障)中都有表达,能根据环境 pH 的变化而改变构象,并把构象变化结果转换为对转铁蛋白结合力强弱的变化。TfR_2 主要在肝表达,主要功能可能是调控并保持体内的铁离子动态平衡,而将铁离子转运到快速分裂组织的作用较弱。利用转铁蛋白受体有效的靶向功能,转铁蛋白与肿瘤治疗药物的交联物既可提高药物的特异性结合能力,也快提高治疗效果。

（三）转铁蛋白-转铁蛋白受体转运药物的机制

1. 转运蛋白和转运蛋白受体介导的内吞作用　转铁蛋白-转铁蛋白受体复合物的内吞作用是细胞铁摄入的主要途径，这一过程包括 6 个阶段：结合、内吞、酸化、解离和还原、移位、细胞质内转运。

（1）转铁蛋白结合到细胞表面的转铁蛋白受体上，结合的亲和力取决于转铁蛋白结合铁的程度，受体与双铁转铁蛋白的结合力比脱铁蛋白高几十倍，因此，只有含铁的转铁蛋白分子才会被受体结合。

（2）转铁蛋白-转铁蛋白受体复合物成簇地聚集在细胞表面网络蛋白包被的凹陷部位，小窝凹陷、内吞从细胞膜上脱落进入细胞形成内吞小体。

（3）在质子泵的作用下，利用 ATP 提供的能量，质子进入内吞小体中，使内吞小体中的 pH 降低到 5~6，在这种情况下，铁与转铁蛋白的结合力减弱，释放出铁。

（4）在内吞小体内，释放出的三价铁在氧化还原酶的作用下还原为二价铁，然后通过二价金属离子转运体将其运至胞液中。

（5）脱铁转铁蛋白-转铁蛋白受体复合物经囊泡外排回到细胞表面，在细胞外生理 pH 条件下，脱铁转铁蛋白与转铁蛋白受体的结合力减弱，因而从转铁蛋白受体上释放出来进入循环体系中重复使用。

（6）释放到胞浆中的铁可用作亚铁血红素和核苷酸还原酶的辅因子或储存在铁蛋白中。

2. 转铁蛋白与金属药物的转运　正常情况下，只有部分的血清转铁蛋白被铁所饱和，因而，它与某些具有治疗和诊断作用的金属离子仍保留很高的结合能力。将金属离子与药物制备成为金属药物，转铁蛋白可对金属药物实现转运，达到将药物携带进入细胞的目的。

3. 转铁蛋白复合物与药物和基因转运　肿瘤细胞表面存在大量的转铁蛋白受体，同时药物-转铁蛋白复合物在血浆中比较稳定，可延长药物在血浆中的半衰期，控制药物从复合物中的释放速度，所以用转铁蛋白进行药物的定向转运是十分重要的途径。

七、叶　酸

叶酸是人体所必需的一种 B 族维生素，存在于许多蔬菜中，最初从菠菜中分离得到。叶酸分子由蝶酸部分和 *L*-谷氨酸部分组成，蝶酸部分又由喋啶和对氨基苯甲酸组成，是叶酸主要的靶向活性部分，*L*-谷氨酸部分包含有两个羧酸基团即 α 羧酸和 γ 羧酸，见图 8-3。由于叶酸分子量小（441.4）、易于修饰和穿透肿瘤细胞、免疫原性低，因而具有到达靶点时间短、血液清除速度快、穿透力强、人体免疫反应低等优点。

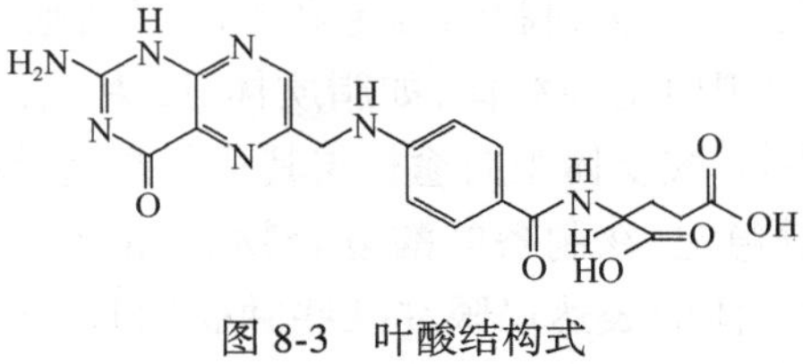

图 8-3　叶酸结构式

(一) 叶酸受体

许多肿瘤细胞如卵巢癌、乳腺癌等,对叶酸可以有很强的吸收能力,进一步研究显示,这些肿瘤的细胞膜表面都有一种特殊的蛋白质过度表达,这种蛋白质可特异的识别、结合叶酸,所以被称为叶酸受体(folate receptor,FR)。叶酸受体是一种糖基化磷脂酰肌醇链接的膜糖蛋白,分子量为38~40kD,是可以介导细胞内吞,将叶酸摄入真核细胞浆的一种高亲和力受体。叶酸受体在某些肿瘤细胞表面高度表达,而在正常组织没有或很少表达,因而具有良好的肿瘤组织特异性。通过这种特殊的作用,可将与叶酸结合的药物分子或药物载体导入这些肿瘤细胞中。

(二) 叶酸受体结构

叶酸受体由三种异构单体:叶酸受体 α、叶酸受体 β 和叶酸受体 γ。叶酸受体 α 在卵巢癌、结直肠癌、子宫内膜癌、睾丸癌、脑瘤、肺腺癌等上皮细胞系肿瘤中高水平表达。由于在正常组织和同种来源的肿瘤组织中表达水平有显著性差异,后者的表达水平比前者几乎高出 2 个数量级;叶酸受体 β 经常高表达于非上皮组织来源的肿瘤细胞表面,如肉瘤和急性髓细胞白血病,叶酸受体 β 称为叶酸受体介导的髓细胞白血病靶向治疗的潜在靶标;叶酸受体 γ 在正常的血清中检测不到,可以作为淋巴瘤中血清标记物。

(三) 叶酸抗肿瘤作用机制

叶酸受体在肿瘤细胞表面高度表达,而在正常组织中的表达却高度保守。基于这种表达差异,可以实现叶酸-药物偶联物的主动靶向运输。叶酸-药物偶联物与肿瘤细胞表面的叶酸受体特异性结合后,形成叶酸-药物与叶酸受体复合物,通过内吞作用进入肿瘤细胞形成独立的内吞体。由于离子泵的作用使内吞体的 pH 由 7 下降到 5,叶酸-药物与叶酸受体复合物的构象改变,药物解离下来,进入细胞内,而叶酸受体重新回到细胞表面,循环转运药物。研究表明,癌细胞表面叶酸受体的表达数目直接影响到叶酸-药物复合物与之结合并内吞的数目,一般来说,一个癌细胞每小时大约能够吞 $1 \times 10^5 \sim 2 \times 10^5$ 个叶酸-药物复合物分子。因此,可以利用这种内吞作用进行肿瘤的靶向治疗研究。

(四) 叶酸受体介导的靶向给药常用载体

叶酸受体靶向制剂在肿瘤显像和标志、基因治疗、免疫治疗、关节炎治疗及药物靶向传递中发挥着重要作用。其中由叶酸介导的药物靶向运输载体主要有两类。一类是叶酸-分子复合物如叶酸 DTPA 及其衍生物、叶酸-PEG-DTPA 及其衍生物、叶酸-蛋白毒素等。由于多数叶酸复合物的体积较大,不易达到肿瘤细胞和被肿瘤细胞摄取,故常用纳米级的叶酸偶联物作为叶酸受体介导的靶向给药载体,如脂质体、胶束、纳米粒、乳剂、树枝状聚合物、超分子囊泡聚合物等。叶酸-叶酸受体靶向途径与其他靶向途径相比的优点有:叶酸相对廉价;低的免疫原性;叶酸性质稳定,在制备叶酸复合物后,依然保持与叶酸受体的高亲和性和迅速的肿瘤渗入性;叶酸受体的表达局限在某些肿瘤细胞(包括原发、复发癌和转移癌)和受激发的巨噬细胞中,正常组织细胞基本无表达,且与叶酸复合物接触不到;叶酸受体将叶酸链接的药物导入细胞后,又回到细胞表面,循环工作。

（五）叶酸靶向修饰剂携带抗肿瘤药物的应用

叶酸受体介导的靶向给药系统常以叶酸或叶酸类似物为载体,将放射性核素、抗肿瘤药物、基因药物与之偶联,实现靶向输送药物的作用。

张良珂等制备了叶酸偶联米托蒽醌白蛋白纳米粒。叶酸偶联米托蒽醌白蛋白纳米粒的细胞杀伤率显著高于米托蒽醌溶液,在加入外源性叶酸后,肿瘤细胞膜表面的叶酸受体被封闭,叶酸偶联米托蒽醌白蛋白纳米粒的杀伤率明显降低,说明叶酸偶联米托蒽醌白蛋白纳米粒的细胞杀伤率可被高浓度的外源性叶酸竞争抑制,间接证实了叶酸偶联米托蒽醌白蛋白纳米粒是通过 SK OV3 细胞膜表面的叶酸受体介导进入细胞的。

第五节　常用的靶向修饰剂在生物药物中的应用

一、穿膜肽靶向修饰剂在生物药物中的应用

1. 蛋白质及多肽类药物的运输　对许多疾病使用外源蛋白质或多肽类药物是一个非常有价值的治疗方法。Wu 等利用穿膜肽的蛋白转导功能来介导信号肽-绿色荧光蛋白-穿膜肽 NT4-GFP-Ant 融合蛋白通过细胞膜和血脑屏障到达靶细胞。Zhang 等根据一种 α 螺旋肽 CAI 的结构设计出了一种细胞穿膜肽 NYAD-1,它比 CAI 具有更稳定的 α 螺旋结构,研究发现,NYAD-1 能够穿过细胞膜并与 Gag 聚蛋白共定位于质膜上,破坏病毒颗粒的自组装。

2. 核酸类药物的运输　核酸类药物的运输具有挑战性。研究证明,细胞膜穿透寡肽-八聚精氨酸(R8)修饰的脂质体可以有效输送 siRNA 进入细胞并增强其生物学功能。Palm-Apergi 等研究一种细胞穿膜肽 MAP,用这种典型的抗菌肽处理细菌产生细菌空壳,这种空壳可以载入所需的 DNA 或质粒并将其运输进入哺乳动物细胞内,还可以用于预防接种。

3. 增强药物的吸收及其他特殊功能　Kamei 等发现通过使用 CPPs 可以促进胰岛素的肠内吸收。Khafagy 等研究发现 L-型穿膜肽可以显著增加胰岛素的渗透性而使其穿过鼻膜,并对鼻吸收黏膜上的细胞完整性不会引起明显的破坏。

二、半乳糖靶向修饰剂在生物药物中的应用

1. 双糖密度半乳糖基胰岛素　为提高半乳糖基化合物的糖密度以增加其趋肝性,采用分支化合物 3,5-二羟基苯甲酸为偶联桥,将半乳糖与胰岛素偶联,得到糖密度较单连桥法高一倍的双糖密度半乳糖基胰岛素。示踪实验结果显示:双糖密度偶联物趋肝性最大,单糖偶联物次之,胰岛素最差,其肝最大摄取率分别为 59.5%、43.8%、21.5%。

2. 半乳糖苷修饰的脂质体　制备一种以十八醇半乳糖苷为导向分子的肝靶向 pH 敏感性脂质体,作为硫代反义寡核苷酸的载体观察对丙肝病毒调控荧光素酶基因的抑制活性。结果显示,不同浓度半乳糖溶液对 5% 的脂质体有一定抑制作用,说明其转染活性至少有部分由受体介导的内吞作用所致,同时药物作用一次的抑制活性明显高于市售阳离子脂质体介导的作用。

3. 半乳糖修饰的超氧化物歧化酶(Gal-SOD)　SOD 对肝部手术或肝移植之间及之后的缺血-再灌注肝损伤有保护作用。Gal-SOD 比天然 SOD 更好地清除自由基和保护缺血-再

灌注肝损伤。

4. 半乳糖基人血清白蛋白(L-HSA)　比较 5-氟尿嘧啶和 5-氟尿嘧啶-L-HSA 偶联物在肝静脉和外周循环中的浓度比,偶联物的肝浓度 7 倍于外周浓度,能提高药物在辅助化疗中的作用。

5. 半乳糖化多聚谷氨酸　前列腺素 PGE1 临床用于治疗周围血管性障碍和皮肤溃疡,也用于治疗急性和亚急性肝炎。然而,PGE1 在通过肺时被氧化并代谢、灭活。为保持 PGE1 以完整形式进入肝细胞并减少副作用,应用半乳糖化的多聚谷氨酸(Gal-PLGA)作为肝靶向载体,键合 PGE1 成为偶联药物。经示踪实验表明,PGE1 的 65% 富集于肝脏,且在 PGE1 到达肝实质细胞前,没有 PGE1 从载体 Gal-PLGA 中被释放。

6. 半乳糖基化壳聚糖　壳聚糖具有良好的生物相容性和生物可降解性,是一种较好的药物载体。将乳糖化羧甲基壳聚糖与含 HBV 反义 X 基因的质粒 DNA 进行复合,转染细胞进行培养,通过观察对细胞内病毒复制的抑制作用证明,该复合物能把 DNA 转运如乙肝病毒感染的细胞株内,有效发挥 DNA 对 HBV 病毒的抑制作用,达到最大抑制率 83.6%。

三、转铁蛋白修饰剂在生物药物中的应用

　　Bai 等采用了基因重组的方法,将人 GCSF 和 Tf 的 cDNA 重组在一起,两者间通过一个二肽连结物相连接。将重组基因转染 HEK293 细胞后,筛选出高度表达融合蛋白 GCSFTf 的细胞株进行克隆。采用 MTT 法检测融合蛋白对 NFS60 细胞增殖反应的影响,融合蛋白的 GCSF 活性大约是原 GCSF 的 1/10。

第九章 车间布局

第一节 概 述

一、制药车间概述

药品的质量取决于生产过程中的一系列因素,其中制药车间的布局与设置至关重要,合理的车间布局可以保证药品的生产质量。因此在设计过程中,设计者要注重布局、硬件、软件、人员及物流等各个方面的因素,以达到最佳的车间设计效果。

GMP 制药车间工程需要严格遵照建筑和结构的具体要求,基础工程、模板工程、钢筋工程、砼工程以及屋面工程等施工过程中都有其特定的施工方法以及技术要求,本节对影响 GMP 制药车间洁净度的主要因素和 GMP 针对制药生产的特殊要求做详细叙述,介绍在安装工程施工过程中应着重注意的几点问题。

二、GMP 对制药车间的基本要求

制药车间按照工程领域的分类属于化工车间,但是由于药品生产的特殊性,GMP 对制药车间的设计要求更为严格,除去必要的防火、防爆、水源、电源、排污设施外,GMP 要求制药车间达到一定的无菌环境,因此对制药车间的周围环境、设备布局、通风系统、人物流通道等都有明确的要求。

(一) 制药车间布局设计

GMP 对制药车间的区域布局通常有两种划分指标:一种划分指标为将制药车间的区域划分为一般生产区、控制区和洁净区。一般生产区是非洁净区,洁净度低于 10 万级的区域为控制区,洁净区则是洁净度在万级或百万级以上的区域,根据药品质量要求以及药品质量受生产流程影响的关系大小决定了区域划分的指标。如果药品质量对生产流程段有直接影响的话,洁净度要求也随之增高,确定为洁净区;而对药品质量产生间接影响的生产流程段,洁净度要求也就会相对较低,故确定为一般生产区。另一指标则是要求制药车间要按照人流与物流进行严格的区分,即要有明确的人流通道以及物流通道,这一指标通常称为通道划分指标。

制药车间的平面图在设计上,设计者在技术上要充分体现出严格的区域划分理念以及有效的洁净措施设计思想。在设计一些规模较小但是岗位较多的制药车间时,首先要确定的就是人流、物流通道。除此之外,需要再搭配严格的洁净措施和区域过渡设施,目的在于有效提升人和物的洁净等级,在此以无尘车间作为例,见图 9-1。总之,制药车间必须真正做到优化合理的车间布局,才能确保药品生产达到 GMP 标准。

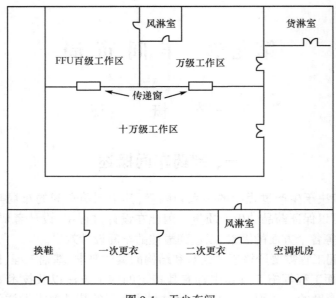

图 9-1　无尘车间

（二）制药车间空气净化要求

为使制药车间的空气洁净程度达到 GMP 的指标，通常通过两种措施来实现。

一是在设计时设置合理的进、排风布局方案，从而有效控制制药车间的压差和回风在正常的范围内。为了保证制药车间洁净的空气环境，设计者必须要设计出相应措施从而确保车间内维持洁净的动态风，并且通过调节进风量与排风量的大小调控室内压力。

二是设计出有效的除尘系统。在设计时不单要在宏观上控制好制药车间的压差与回风，更要为局部产尘设备设计有效的除尘系统，也就是说在局部产尘设备周围设计围挡装置，并利用吸尘罩集中处理含尘空气。在设计固体制药车间的空气净化方案时，更应着重考虑这一点，因为固体制药车间内洁净区内的气流是乱流，粉尘极易扩散。

第二节　车间厂址选择及车间布置设计

对于在现代化的制药厂，合适的厂址和良好的工厂管理也是至关重要的。有了合适的厂址之后如何去合理地规划和布置好厂内的各种设施，同时也是至关重要的问题。本节围绕制药厂的厂址选择和总图布置这两大问题，依照国家有关规定、规范的要求，做相关讲解。

一、厂址的选择

大体上来说，制药厂分为原料药厂和制剂药厂两大种类，对于一些有规模的药厂就会出现自己既是原料药厂又是制剂药厂的情况，当企业上交项目建议书时，就已经确定了其药厂的类型。厂址选择要依据建厂的实际情况以及建厂条件，在调查、比较、分析、论证后，最终得出最为合适的建厂地址的结论。选择药厂厂址的原则：

（一）交通运输便利

鉴于制药厂的运输较频繁，为了减少运输费用，选址应在保证交通便利的基础上，尽量靠近原料产地。

（二）确保水、电的供给

水、电是生产的必需条件及基础。选址应保证该地点有充足的水源与稳定的电源。电源至少应有两路，即使某一线路发生故障仍能确保电源供给。

（三）有利于环境保护

制药为高污染产业，工业"三废"、噪音污染等会严重影响周边的自然环境与生活质量，因此选址应考虑到对环境的影响，如应远离居住区，应有适合排放"三废"的环境条件等。

（四）有利于长远发展

制药厂的药物品种繁多，而且更新换代的速度也较快。药厂要为长远的发展而考虑，不能贪图眼前的利益，而在选厂址时马虎。

（五）有利于安全

安全对于药厂来讲至关重要，绝不能马虎，选厂时应严格按国家有关规定执行，还要保持与相邻企业之间的安全距离。安全距离即：卫生要求距离，防火、防爆要求距离等。

（六）节约用地

选择造价相对经济的土地，对药厂本身来讲，也是建筑节约。

（七）不适宜选择有人防或其他地下通道的厂址

厂址内也不宜留坑、穴等，避免有过多的死角、寄生虫害。

（八）选厂时应考虑防洪

一般厂址标高按城市规划和土方平衡要求来确定，但必须高于当地最高洪水位 0.5 米以上。

二、车间布置设计

制药厂的总图布置要求为分区布置。一般分为生产区、公用工程区、行政区、生活区、仓储区等。最为理想的设计是在生产区和辅助区之间设置绿化带或人为的隔离带，并设立门卫，便于安全管理。

（一）制药车间布置目的

车间布置目的是对厂房的配置和设备的排列做出合理的安排，车间布置设计是车间工艺设计的重要环节之一。

　　合理的车间布置会使车间内的人、设备和物料在空间上实现最合理的组合，以降低劳动成本，减少事故发生，增加地面可用空间，提高材料利用率，改善工作条件，促进生产发展。

（二）制药车间布置相关要求

　　为保证药品的质量，原料药生产的成品工序（精、烘、包工序）与制剂生产的罐封、制粒、干燥、压片等工序以及它的新建、改造必须符合《药品生产质量管理规范》。

（三）车间布局组成

　　车间一般由生产部分（一般生产区及洁净区）、辅助生产部分、行政-生活部分和通道四部分组成。辅助生产部分包括物料净化用室、原辅料外包装清洁室、包装材料清洁室、灭菌室、称量室、配料室、设备容器清洁室、清洁工具洗涤存放室、洁净工作服洗涤干燥室、动力室（真空泵和压缩机室）、配电室、分析化验室、维修保养室、通风空调室、冷冻机室、原料、辅料和成品仓库等。行政-生活部分由人员净化用室（包括雨具存放间、管理间、换鞋室、存外衣室、洁净工作服室、空气吹淋室等）和生活用室（包括办公室、会议室、厕所、淋浴室、休息室、保健室和吸烟室等）组成。

（四）车间布置的注意事项

　　（1）本车间与其他车间及生活设施在总平面的位置关系上，力求联系便捷。
　　（2）满足生产工艺及建筑、安装和检修要求。
　　（3）合理利用车间的建筑面积和土地。
　　（4）车间劳动保护、安全卫生及防腐措施。
　　（5）人流、物流分别独立设置，避免交叉往返。
　　（6）对原料药车间的精、烘、包工序以及制剂车间的设计，应符合 GMP 要求。
　　（7）要考虑车间发展的可能性，留有发展空间。

（五）车间设备布置要求

　　（1）确定各个工艺设备在车间平面的、立面的相对位置。
　　（2）确定某些在工艺流程图中一般不予表达的辅助设备或公用设备的位置。
　　（3）确定供安装、操作与维修的通道系统的位置与尺寸。
　　（4）在上述各项的基础上确定建筑物与场地的尺寸。
　　（5）其他（如升降间等）。

第三节　洁净车间设计

一、洁净车间设计要求

　　（1）洁净室应与一般生产用房分区布置。且人流方向应由低洁净度洁净室向高洁净度洁净室。
　　（2）洁净室净高应尽量降低，以节省投资和运行费用。净高一般以 2.5m 左右（2.6m 以下）为宜。

（3）选择性能好的围护结构及地面材料。

（4）人净和物净用室应分别设置并与洁净生产区相邻。

（5）空气吹淋室或气闸室应根据洁净度要求设置。

（6）人身净化程序：一次更衣（盥洗前存外衣），一次吹淋的人净程序。

（7）各连接处应采取密封措施。

（8）洁净车间一般应为有窗厂房。

（9）洁净动力区的各种用房一般布置在洁净生产区的一侧或四周。

二、洁净车间装修材料选择与环境要求

用于洁净室内的装修材料要求耐清洗、无孔隙裂缝、表面平整光滑，不得有颗粒型物质脱落。除了 GMP 要求外，还要考虑经济因素，但不等于可以降低标准。

在药品的生产过程中对周围的环境是需要进行严格的控制，药品在生产过程中出现质量问题，马上就会对生产单位造成直接经济损失，出现质量问题的药品进入市场会产生非常恶劣的影响，甚至威胁到患者的生命。

三、空气净化系统的要求

1. 洁净区 洁净区是指那些无菌药品、容器和盖塞可直接暴露在其环境中的区域。洁净度级别分为 A，B，C，D 四个等级。A 级：高风险操作区，如灌装区、放置胶塞桶和与无菌制剂直接接触的敞口包装容器的区域及无菌装配或连接操作的区域，应当用单向流操作台（罩）维持该区的环境状态。单向流系统在其工作区域必须均匀送风，风速为 0.36-0.54m/s（指导值）。应当有数据证明单向流的状态并经过验证。在密闭的隔离操作器或手套箱内，可使用较低的风速。B 级：指无菌配制和灌装等高风险操作 A 级洁净区所处的背景区域。C 级和 D 级：指无菌药品生产过程中重要程度较低操作步骤的洁净区。

2. 控制区 控制区是对应于非无菌药品，已在加工的物料及容器和盖塞准备的区域。在这些区域中产品的各组分进行组合。物料与进行过最后清洗的设备表面、容器和盖塞接触。这些区域的洁净度至少不低于 10 000 级，换气次数不小于 20 次/h。应保证每 10 立方英尺空间的菌落群数≤25。控制区房间与相邻的洁净级别较低的房间，必须维持正压差。

3. 洁净区空气处理装置的要求 为洁净区服务的空气处理装置应为双面壁板结构，这样能够对装置内壁进行冲洗，同时避免易滋生微生物在保温层内壁暴露。如工程投资有限或订购双壁板处理装置有困难时，也可使用无保温的单壁板处理装置，再在现场进行外保温。

4. 风管系统 根据《药品生产质量管理规范》中提出的相应要求，设计中通常采用十万级洁净区，且换气次数一般为 10~20 次/h；万级洁净区：换气次数则为 20~30 次/h；百级洁净区，换气次数要根据风速计算送风量。

第四节　药品生产安全及卫生

一、药品生产的安全

在药品的生产过程中会不可避免地使用易燃液体，若生产工艺不合规定或操作不当，

有可能使这些易燃液体的蒸汽挥发出来,而这些易燃液体的蒸汽或者薄雾与空气混合成一定比例时,一旦遇到火源就会发生爆炸,必须引起重视。

(一) 易燃液体的分类及其特性

易燃液体,即闪点等于或低于 61℃ 的液体、液体混合物或含有固体物质的液体,但其中不包括由于其危险性已列入其他类别的液体。这类物质通常在常温下易挥发,其蒸汽与空气混合当达到一定比例时能形成爆炸性混合物。《危险货物品名表》按照闪点将液体分项,第 1 项:低闪点液体,即闪点低于 −18℃ 的液体,如乙醛、丙酮等。第 2 项:中闪点液体,即闪点在 −18℃ ~<23℃ 的液体,如苯、甲醇等。第 3 项:高闪点液体,即闪点在 23℃ 以上的液体,如环辛烷、氯苯、苯甲醚等。易燃液体的特性如下:

1. 易燃性 易燃液体的燃烧是通过其挥发的蒸气与空气形成可燃混合物,达到一定的浓度后遇火源而实现的,实质上是液体蒸气与氧发生的氧化反应。由于易燃液体的沸点都很低,易燃液体很轻易挥发出易燃蒸气,其着火所需的能量极小,因此,易燃液体都具有高度的易燃性。

2. 蒸气的爆炸性 由于易燃液体具有挥发性,挥发的蒸气易与空气形成爆炸性混合物,所以易燃液体存在着爆炸的危险性。挥发性越强,爆炸的危险就越大。不同的液体的蒸发速度因温度、沸点、比重、压力的不同而发生变化。

3. 热膨胀性 易燃液体和其他液体一样,也有受热膨胀性。储存于密闭容器中的易燃液体受热后,体积膨胀,蒸气压力增加,若超过容器的压力限度,就会造成容器膨胀,以致爆破。因此,利用易燃液体的热膨胀性,可以对易燃液体的容器进行检查,检查容器是否留有不少于 5% 的空隙,夏天是否储存在阴凉处或是否采取了降温措施加以保护。

4. 活动性 易燃液体的黏度一般都很小,不仅本身极易活动,还因渗透、浸润及毛细现象等作用,即使容器只有极细微裂纹,易燃液体也会渗出容器壁外,扩大面积,并源源不断地挥发,使空气中的易燃液体蒸气浓度增高,从而增加了燃烧爆炸的危险性。

5. 静电性 多数易燃液体都是电介质,在灌注、输送、活动过程中能够产生静电,静电积聚到一定程度时就会放电,引起着火或爆炸。易燃液体的静电特性,在实际的消防监视检查中,可以确定易燃液体的火灾危险性,可以检查是否采取了消除静电危害的防范措施,如是否采用材质好且光滑的运输管道,设备、管道是否可靠接地,对流速是否加以了限制等。

6. 毒害性 易燃液体大多本身(或蒸气)具有毒害性。不饱和、芳香族碳氢化合物和易蒸发的石油产品比饱和的碳氢化合物、不易挥发的石油产品的毒性大。

(二) 火灾危险物分类

根据 2001 年版《建筑设计防火规范》,火灾危险性的分类:闪点 <28℃ 的液体或爆炸下限 <10% 的气体生产类别为甲类;闪点 ≥28℃ 至 <60℃ 的液体或爆炸下限 >10% 的气体生产类别为乙类;闪点 ≥60℃ 的液体生产类别为丙类。爆炸性气体环境危险区域划分,应根据爆炸性气体混合物出现的频繁程度和持续时间,分为 0 区、1 区、2 区。

(三) 爆炸极限及影响

爆炸即物质的一种非常剧烈的物理或者化学变化,巨大的能量在瞬间迅速释放或急剧转化成机械功的现象,通常借助于气体膨胀来实现。化工生产中发生的爆炸事故一般都和燃烧有关。

制药企业的防爆技术通常都包括两个方面,第一,是防止爆炸必须条件的同时存在。第二,是避免其相互作用。易燃液体的蒸汽或薄雾在空气中的爆炸极限,是与生产安全相关的重要参数。因为可燃物质与空气的混合物在一定的浓度范围内极易发生爆炸,所以我们将能够发生爆炸的最低浓度称之为爆炸下限,可燃气体或蒸汽在混合物中能够发生爆炸的最高浓度称之为爆炸上限。在低于下限浓度时是不会爆炸的。若高于爆炸上限时,遇明火虽然不会爆炸,但是会出现燃烧的现象。爆炸下限和爆炸上限之间的范围称为爆炸极限。

(四) 制药车间操作的危险性

制药过程中化工单元操作即各种化工生产中主要以物理过程为主的处理方法,其主要包含加热、冷却、加压操作、负压操作、冷冻、物料输送、熔融、干燥、蒸发以及蒸馏。中药提取和制剂车间的单元操作具有危险性的有加热温度过高时对热敏性物料有效成分的破坏和溶剂挥发增大。加压设备及管道系统的泄漏,在速度过高时易产生静电;另外,负压系统设备与压力设备一样,必须要符合强度要求,避免负压下把设备抽瘪,所以密封工作一定要做好,否则一旦空气进入设备内部,形成爆炸混合物,就会有爆炸的危险;减压浓缩、蒸馏操作中排除有爆炸隐患的不凝蒸汽的排空、排风管不应暗设,应该直接通到室外的安全处;要特别注意氨制冷系统的耐压等级以及气密性,防止泄露,机房内要杜绝使用明火采暖,设置事故的排风装置,排风机选用防爆型;易燃液体输送时,一旦管内流速过快则会产生静电积累,可以使用氮、二氧化碳等惰性气体代替压缩空气。

(五) 安全监测装置

(1) 对区域内容易形成和积聚爆炸性气体混合物的地点要有自动测量仪器装置,一旦气体或蒸汽浓度接近爆炸下限值的时候,可以自行发出信号或切断电源。监测装置主包括火灾监测仪和爆炸监测仪,其形式有固定式以及便携式。

(2) 在易燃易爆环境中,应将气动执行器与风阀、水阀联合使用。

(3) 安全连锁,例如空调系统的电加热器应与送风机联锁,并应设置无风断电、超温断电等安全保护装置。

二、药品生产过程中的卫生

(一) 相关定义

1. 卫生　GMP对卫生的定义是:指与药品生产相关的空气、地面、人员、生产车间、设备、空气净化系统及生产用原辅料等符合一定要求。

2. 生产卫生　是指生产过程中所采取的各种防止微生物污染的措施。

3. 污染　在生产、取样、包装或重新包装、储存或运输等操作过程中,原辅料、中间产品、待包装产品、成品受到具有化学或微生物特性的杂质或异物的不利影响。

4. 交叉污染　不同原料、辅料及产品之间发生的相互污染。

5. 消毒 用物理或化学方法抑制病原微生物生长。

6. 灭菌 用物理或化学的方法杀灭物体上的病原微生物。

（二）GMP 对卫生的基本要求

药品生产企业应做好防止药品污染的卫生措施,严格制定生产企业的卫生管理制度,并由专人负责。

第十章　生物药物制剂法规

第一节　生物制品稳定性研究技术指导原则

一、概　述

生物制品稳定性研究结果是产品有效期设定的依据,可以用于对产品生产工艺、制剂处方、包装材料选择合理性的判断,同时也是产品质量标准制订的基础。稳定性研究是贯穿于整个药品研发阶段和支持药品上市及上市后研究的重要内容。

本指导原则是为生物制品在申报临床、申报生产上市的原液、成品或中间产物的稳定性研究设计、结果的分析等提供参考。对于按生物制品管理的特殊类别的品种,如基因治疗和细胞治疗类产品等,还应根据产品的特点开展相应的研究。

二、研 究 内 容

开展稳定性研究之前,需建立稳定性研究的整体计划或策略,包括研究样品、研究条件、研究项目、研究时间、运输研究、研究结果分析等方面。

生物制品稳定性研究一般包括实际贮存条件下的实时稳定性研究(长期稳定性研究)、加速稳定性研究和(或)强制试验条件的研究。长期稳定性研究可以作为设定产品保存条件和有效期的主要依据。加速和强制试验条件研究可以用于了解产品在短期偏离保存条件和极端情况下产品的稳定性情况,为有效期和保存条件的确定提供支持性数据。

稳定性研究过程中采用的方法应经过验证,检测过程中需合理设计,应尽量避免人员、方法或时间等因素引入的试验误差。长期稳定性研究采用方法应与质量放行检测用方法相一致;中间品或加速、强制降解试验检测用方法应根据研究目的和样品的特点采用合理、敏感的方法。

稳定性研究设计时还应考虑各个环节样品贮存的累积保存时间对终产品稳定性研究结果的影响。

(一) 样品

研究样品通常包括原液、成品、中间产物及产品自带的稀释液或是重悬液。凡涉及不连续操作的生产工艺步骤,其中间产物需要严格的贮存操作的均需要进行相应的稳定性研究,以证明该贮存操作不会影响到后续工艺产品的质量。

稳定性研究的样品批次数量应至少为三批。各个阶段稳定性研究样品的生产工艺与质量应一致(即具有代表性),批量应满足稳定性研究的需要。研究用制剂产品应为来源自不同原液批次的质量检验后的合格批次。稳定性研究样品应采用与实际贮存过程中相同的包装容器与密闭系统进行研究;原液或中间产物样品 可以采用与实际应用中相同材质或材料的容器和密封系统开展研究。

某些产品可能具有多个规格,如不同装量、不同单位或是不同重量等,在稳定性研究中可以根据检测样品的代表性,合理的设计研究方案,减少对部分样品的检测频度或根据产品特点(如规格)选择部分代表性检测项目。原则上,浓度不一致的多种规格的产品,均应按照要求开展稳定性研究。

(二) 条件

稳定性研究中需根据研究的目的和产品自身的特性对研究条件进行摸索和优化。放置条件应充分考虑到今后的贮存、运输及其使用的整个过程。试验条件可以考虑温度、湿度、光照、反复冻融、震动、氧化、酸碱等条件,通过各种影响因素的研究获得初期的稳定性研究资料。根据初期的稳定性研究资料,制定长期、加速和强制试验条件等稳定性研究方案。

(1) 温度:长期稳定性研究的温度条件应与实际保存条件相一致;强制试验条件中的温度应达到可以观察到样品发生降解并超出质量标准的目的;加速稳定性研究的温度条件一般介于长期与强制试验条件之间,通常可以反映产品可能短期偏离于实际保存条件的情况。

(2) 湿度:对能证明包装容器与密封系统具有良好的密封性能,则不同湿度条件下的稳定性研究可以省略;否则,需要开展相关研究。

(3) 反复冻融研究,对于冷冻保存的原液、中间产物或成品,应验证其在多次反复冻融条件下产品质量的变化。

(4) 光照、震动和氧化条件等研究应根据产品或样品的贮存条件和研究目的进行设计。

另外,有些产品包装容器的密封盖等元件可能会对产品质量具有一定的影响,因此在稳定性研究中应考虑到产品的放置方向,如正立、倒立、水平放置等。

模拟实际使用情况的研究需考虑使用过程中的放置条件、取样时间、取样间隔、取样量、包装容器的状态、注射器多次插入与抽出的影响等。一些用于多次使用的、单次给药时间较长的(如静脉滴注)、使用前需要配制的、特殊环境中使用的(如高原低压、海洋高盐雾等环境)以及存在配制或稀释过程的小容量剂型等特殊使用情况的生物制品应开展相应的稳定性研究,以评估实际使用情况下产品的稳定性。

(三) 项目

鉴于生物制品自身的特点,稳定性研究中应采用多种物理化学和生物学等试验方法,针对多个研究项目对产品进行全面的分析与检定。检测项目需包括产品敏感的,且有可能影响产品质量、安全性和(或)有效性的考察项目,如生物学活性、纯度和蛋白质含量等。根据产品剂型的特点,需考虑设定相关的考察项目,如注射用无菌粉末应考察其水分含量的变化情况;液体剂型应考察其装量变化情况等。对年度检测时间点,产品应进行检测项目的全面检定。

1. 生物学活性　生物学活性检测是生物制品稳定性研究中的重点研究项目。

一般情况下,生物学活性用效价来表示,是通过与参考品的比较而获得的活性单位。研究中使用的参考品应该是经过标准化的物质,还需要关注应用参考品的一致性和其自身的稳定性。同时,需根据产品自身的特点考虑体内生物学活性、体外生物学活性或其他替代方法的研究。

2. 纯度　应采用多种原理的纯度检测方法进行综合的评估。纯度检测的目的是监测样品中目标物质的含量情况和杂质或相关物质的组成和含量的变化情况。杂质和相关物质的限度应根据临床前研究和临床研究所用各批样品分析结果的总体情况来制定。长期稳定性研究中,发现有新的杂质或相关物质出现或者是含量变化超出限度时,建议对新杂质或相关物质进行鉴定,同时开展安全性与有效性的评估。对于不能用适宜方法鉴定的物质或不能用常规分析方法检测纯度的样品,应提出替代试验方法,并证明其合理性。

3. 其他　其他一些检测项目也是生物制品稳定性研究中较为重要的方面,需在稳定性研究中加以关注。例如,蛋白含量、外观(颜色和澄清度、注射用无菌粉末的颜色、质地和复溶时间)、可见异物、不溶性微粒、pH、注射用无菌粉末的水分含量、无菌检查等。添加剂(如稳定剂、防腐剂)或赋形剂在制剂的有效期内也可能降解,如果初步稳定性试验有迹象表明这些物质的反应或降解对药品质量有不良影响时,应在稳定性试验中加以监控。稳定性研究中还应考虑到包装容器和密封系统可能对样品具有潜在的不良影响,在研究设计过程中应关注此方面。

(四) 时间

长期稳定性研究时间的一般原则是,第一年内每隔三个月检测一次,第二年内每隔六个月检测一次,第三年开始可以每年检测一次。如果有效期(保存期)为一年或一年以内,则长期稳定性研究应为前三个月每月检测一次,以后每三个月一次。在某些特殊情况下,可灵活调整检测时间,比如,基于初步稳定性研究结果,可有针对性地对产品变化剧烈的时间段进行更密集的检测。原则上,长期稳定性研究的总体时间应在拟定有效期的基础上延长至少六个月。强制或加速稳定性研究时间应观察到产品不合格。

一般情况下,申报临床试验阶段的生物制品稳定性研究,应可以支持临床研究期间产品的稳定性。申报生产上市阶段的稳定性研究,应为贮存条件和有效期(保存期)的制定提供有效依据。

(五) 运输研究

生物制品通常要求冷链保存和运输,对产品(包括原液和成品)的运输过程应进行相应的模拟验证研究,研究中需充分考虑运输路线、交通工具、距离、时间、条件(温度、湿度、震动情况等)、产品包装情况(外包装、内包装等)、产品放置情况和监控器情况(温度监控器的数量、位置等)等。试验设计时,应模拟运输时的最差条件,如运输距离、震动频率和幅度及脱冷链等。通过验证研究,应确认产品在运输过程中可以处于拟定的保存条件下,可以保持产品的稳定性,并评估产品在短暂的脱离拟定保存条件下对产品质量的影响。对产品脱离冷链的温度、次数、时间等应制定相应的要求。

(六) 结果的分析

稳定性研究中应建立合理的结果评判方法和可接受的验收标准。研究中不同检测指标需分别进行分析;同时,还需对产品进行稳定性的综合评估。

同时开展研究的不同批次的稳定性研究结果应该具有较好的一致性,建议采用统计学的方法对批间的一致性进行判断。同一批产品,在不同时间点收集的稳定性数据应进行趋势分析,用以判断降解情况。验收标准的制定应在考虑到方法学变异的前提下,参考临床用研究样品的检测值对其进行制定或修正,该标准不能低于产品的质量标准。

通过稳定性研究结果的分析和综合评估,明确产品的敏感条件、降解途径、降解速率等信息,制定产品的保存条件和有效期(保存期)。

三、标　　示

根据稳定性研究结果,需在产品说明书或标签中明确产品的贮存条件和有效期。不能冷冻的产品需另行说明。若产品要求避光、防湿或避免冻融等,建议在各类容器包装的标签中和说明书中注明。对于多剂量规格的产品,应标明开启后最长使用期限和放置条件。对于冻干制品,应明确冻干制品溶解后的稳定性,其中应包括溶解后的贮存条件和最长贮存期。

第二节　生物类似药研发与评价技术指导原则

一、概　　述

生物药在许多威胁生命的疾病治疗方面已显示出明显的临床优势。随着原研生物药专利到期及生物技术的不断发展,生物类似药的研发越来越受到重视,有助于提高医药产品的可获得性及可及性。为规范生物类似药的研发与评价,推动生物医药行业的健康发展,制定本指导原则。

生物类似药的研发与评价应当遵循本指导原则,并应符合国家药品管理相关规定的要求。

二、定义及适用范围

本指导原则所述生物类似药是指,在质量、安全性和有效性方面与已获准注册的参照药具有相似性的治疗用生物制品。

生物类似药候选药物的氨基酸序列应与参照药相同。对研发过程中采用不同于参照药所用的宿主细胞、表达体系等的,需进行充分验证。

本指导原则适用于结构和功能明确的治疗用重组蛋白质制品。对聚乙二醇等修饰的产品及抗体偶联药物类产品等,按生物类似药研发时应慎重考虑。

候选药:是指按照生物类似药研发和生产的,用于比对试验 研究的药物。

原研产品:是指按照创新药研发和生产并且已获准上市的原始创新性生物制品。

比对试验:是指在同一个试验中比较候选药与参照药差异的 试验研究。

三、参　照　药

1. 定义　本指导原则所述参照药是指,已获得国家药品监督管理当局批准注册的,在生物类似药研发过程中与之进行比对研究用的原研产品,包括生产用的或由成品中提取的活性成分。

2. 参照药的选择　比对试验研究用的参照药应当是在我国已经注册的产品,并证明安全有效。研发过程中各阶段所使用的参照药,应尽可能使用相同批号来源的产品。对不能通过商业途径在国内获得的,可以考虑其他合适的途径;对临床比对试验研究用的,还应符合国家的其他相关规定。比对试验研究必须用活性成分的,可以采用适宜方法分离,但需验证这些方法对活性成分的结构和功能等质量特性的影响。按生物类似药批准的产品原则上不可用做参考药。

四、研发和评价的基本原则

1. 比对原则 生物类似药研发是以比对试验研究证明其与参照药的相似性为基础,支持其安全、有效和质量可控。

每一阶段的每一个比对试验研究,均应与参照药同时进行,并设立相似性的评价方法和标准。

2. 逐步递进原则 研发应采用逐步递进的顺序,分阶段证明候选药与参照药的相似性。比对试验结果无差异或者差异很小,评判为相似的,可以减免后续的部分比对试验研究;对存在较大差异或不确定因素的,需评估对产品的影响,在后续研究阶段还必须选择敏感的技术和方法设计有针对性的比对试验进行研究,并评价对产品的影响。

3. 一致性原则 比对试验研究所使用的样品应当保持前后的一致性。对候选药,应当为生产工艺确定后生产的产品或者其活性成分。对不同批或者工艺、规模和产地等发生改变的,应当评估对产品质量的影响,必要时还需重新进行比对试验研究。比对试验研究的方法和技术应尽可能与参照药所使用的保持一致,至少在原理上应一致。在研发过程中,对存在的差异,应当选择敏感的技术和方法设计针对性的比对试验研究,并进行验证评估其适用性和可靠性。

4. 相似性评价原则 对全面的药学比对试验研究显示候选药与参照药相似,并在非临床阶段进一步证明其相似的,后续的临床试验可以考虑仅开展临床药理学比对试验研究;对不能证明相似性的,后续还应开展针对性的研究或临床安全有效性的比对试验研究。药学比对试验研究显示的差异对产品有影响并在非临床比对试验研究结果也被证明的,不宜继续按生物类似药研发。对临床比对试验研究结果判定为相似的,可按本指导原则进行评价。

五、药学研究和评价

(一) 一般考虑

比对试验研究应使用足够批次进行,一般情况下应进行至少各三批的比对试验研究。研究中,应尽可能使用经过验证的、灵敏的、先进的分析技术和方法检测候选药与参照药之间可能存在的差异。

(二) 工艺研究

候选药的生产工艺需根据产品特点设计,应尽可能与参照药一致,尤其是工艺步骤的原理和先后顺序及中间过程控制的要求,如纯化、灭活工艺等。

(三) 分析方法

比对试验研究的分析方法应尽可能与参照药所用的一致。对采用先进的、更为敏感的技术和方法,其基本原理应当相似,并应进行充分的验证。对某些关键的质量属性,应采用多种方法进行比对试验研究。

(四)特性分析

根据参照药的信息,分析、建立每一个质量特性与临床效果的相关性,并设立判定相似性的限度范围。对特性分析的比对试验研究结果综合评判时,应根据各质量特性与临床效果相关的程度确定评判相似性的权重,并设定标准。

1. 理化特性　理化鉴定应包括采用适宜分析方法确定一级结构和高级结构(二级/三级/四级)以及其他理化特性。还应考虑翻译后的修饰可能存在的差异,如氨基酸序列 N 端和 C 末端的异质性、糖基化修饰(包括糖链的结构和糖型等)的异同。应采用适当的方法对修饰的异同进行比对试验研究,包括定性和定量分析。

2. 生物学活性　生物学活性的比对试验研究对评判候选药与参照药有无显著功能差异具有重要意义。比对试验研究采用的技术和方法应尽可能与参照药所用的一致,至少在原理上应当相同。对具有多重生物活性的,还应当进行相关活性的比对试验研究,并分别设定相似性的评判标准;对相似性的评判,应根据各种活性与临床效果相关的程度确定评判相似性的权重,并设定标准。

3. 纯度和杂质　应尽可能采用参照药所用的技术和方法进行比对试验研究。对纯度的测定,应从产品的疏水性、电荷和分子大小变异体及包括糖基化在内的各类翻译后修饰等方面考虑适宜的技术和方法进行研究;对杂质的比对试验研究,应从工艺的差异、宿主细胞的不同等方面考虑适宜的方法进行。

对杂质图谱的差异,尤其是出现了新的成分,应当进行分析并确证,制定相应的质量标准,必要时在后续的比对试验研究中,还应设计有针对性的技术和方法研究其对有效性、安全性包括免疫原性的影响。

4. 免疫学特性　对具有免疫学特性的产品的比对试验研究应尽可能采用与参照药相似原理的技术和方法。对具有多重免疫学特性的,还应当进行相关活性的比对试验研究,并分别设定相似性的评判标准;对相似性的评判,应根据各种特性与临床效果相关的程度确定评判相似性的权重,并设定标准。

对抗体类的产品,应对其 Fab、Fc 段的功能进行比对试验研究,包括定性、定量分析其与抗原和 FcRn、Fcγ、clq 等各受体的亲和力、CDC 活性、ADCC 活性等。应根据产品特点选择适当的项目列入质量标准。

对调节免疫类的产品,应对其同靶标的亲和力、引起免疫应答反应的能力进行定性或者定量比对试验研究。应根据产品特点选择适当的项目列入质量标准。

(五)质量指标

候选药质量指标的设定及标准应尽可能与参照药设定的一致,并应符合药品管理相应法规的要求。对需增加指标的标准,应根据多批次产品的检定数据,用统计学方法分析确定,并结合稳定性数据等分析评价其合理性。

(六)稳定性研究

按照有关的指导原则开展稳定性的研究。对比对试验研究,应尽可能使用与参照药有效期相近的候选药进行。对加速试验或强制降解稳定性试验,应选择敏感的条件同时处理后进行比对试验研究。

(七) 其他研究

1. 细胞基质　应考虑参照药所使用的细胞基质,也可采用当前常用的细胞基质。对与参照药不一致的,需进行充分的验证,并证明与有效性、安全性等方面无临床意义的差别。

2. 制剂处方　应尽可能与参照药一致。对不一致的,应有充足的理由并应进行处方筛选研究。

3. 规格　原则上应与参照药一致。对不一致的,应有恰当的理由。

4. 内包装材料　应当使用与参照药同类材质的内包装材料。对不同的,应有相应的研究结果支持。

(八) 药学研究相似性的评价

对药学研究结果相似性的评判,应根据与临床效果相关的程度确定评判相似性的权重,并设定标准。

(1) 对综合评判候选药与参照药之间的差异很小或无差异的,可判为相似。

(2) 对研究显示候选药与参照药之间存在差别,且无法确定对药品安全性和有效性影响的,应设计针对性的比对试验研究,以证实其对药品安全性和有效性是否有影响。

(3) 对研究显示有差异,评判为不相似的,不宜继续按生物类似药研发。

不同种类的重组蛋白,甚至是同一类蛋白,由于其疗效机制不同,质量属性差异的权重也是不一样的,分析药学质量相似性时要予以考虑。

六、非临床研究和评价

(一) 一般考虑

应进行非临床比对试验研究,尤其是对所采用的细胞基质及杂质等不同于参照药的。对药学比对试验研究显示候选药和参照药无差别或仅有微小差别时,可仅开展药效动力学(简称药效,PD)、药代动力学(简称药代,PK)和免疫原性的比对试验研究。

(二) 药效学

应开展系统的体外及体内药效学比对试验研究。对具有多重生物活性的,还应当进行相关活性的比对试验研究,并分别设定相似性的评判标准;对相似性的评判,应根据各种活性与临床效果相关的程度确定评判相似性的权重,并设定标准。体内药效学比对试验研究应尽可能选择参照药采用的相关动物种属或模型进行。比对试验研究方法和检测指标,应尽可能与参照药一致;应选择多批次有代表性的产品进行,以分析批间差异的影响。

(三) 药代动力学

应选择相关动物种属开展多个剂量组的单次给药和重复给药的药代动力学研究。单次给药药代动力学试验应单独开展;重复给药的药代动力学试验可结合在 PK/PD 研究中或者重复给药毒性试验中进行。对受试药的药代动力学试验方法影响药物效应或者毒性反应评价的,应进行独立的重复给药比对试验研究来评估 PK 特征变化。

(四) 免疫原性

采用的技术和方法应尽可能与参照药所使用的一致,对采用其他相似方法的,还应进行验证。抗体的检测包括筛选、确证、定量和定性,并研究与剂量和时间的相关性。必要时应对所产生的抗体进行交叉反应测定,对有差异的还应当分析其产生的原因。对量化的比对试验研究结果,应评价其对药代动力学的影响。对所采用的细胞基质、修饰及杂质等不同于参照药的,还应设计针对性的比对试验研究。在免疫原性试验中可同时观察一般毒性反应。

(五) 重复给药毒性试验

对仅开展药效、药代动力学及免疫原性比对试验研究,其研究结果显示有差异且可能与安全性相关的,还应进行毒性比对试验研究。

对毒性比对试验,应进行至少一项相关动物种属的至少 4 周的研究,持续时间应足够长以能监测到毒性和(或)免疫反应。研究指标应关注与临床药效有关的药效学作用或活性,并应开展毒代动力学研究。对有特殊安全性担忧的,可在同一重复给药毒性研究中纳入相应观察指标或试验内容,如局部耐受性等。

比对试验研究用的动物种属和模型、给药途径及剂量应尽可能与参照药一致。对选择其他的,应当进行论证。对参照药有多种给药途径的,必要时应逐一开展研究;对剂量的选择,应尽可能选择参照药暴露毒性的剂量水平,候选药剂量还应包括生物活性效应剂量和(或)更高剂量水平。

(六) 其他毒性试验

对药学及非临床比对试验研究显示有差异且不确定其影响的,应当开展有针对性的其他毒性试验研究,必要时应进行相关的比对试验研究。

(七) 非临床研究相似性的评价

对非临床研究结果相似性的评判,应根据与临床效果相关的程度确定评判相似性的权重,并设定标准。

(1) 对综合评判候选药与参照药之间的差异很小或无差异的,可判为相似。

(2) 对研究显示候选药与参照药之间存在差别,且无法确定对药品安全性和有效性影响的,应设计针对性的比对试验研究,以证实其对药品安全性和有效性是否有影响。

(3) 对研究显示有差异,评判为不相似的,不宜继续按生物类似药研发。

七、临床研究和评价

(一) 一般考虑

临床相似性比对试验研究,应遵循逐步递进的研究原则。通常从 PK 和(或)PD 比对试验研究开始,根据相似性评价的需要考虑后续安全有效性比对试验研究。临床试验用药物应尽可能使用与前期比对试验研究用药物相同批的产品。对不同产地及生产工艺发生改变的，尤其是处方变更的，应重新开展药学或者非临床的比对试验研究。对前期研究结果证明候选药与参照药之间无差异或差异很小，且临床药理学比对试验研究结果可以预测其临床终点的相似性时，则可用于评判临床相似性。对前期比对试验研究显示存在不确定性的，则应当开展进一步临床安全有效性比对试验研究。

（二）临床药理学

对 PK 和 PD 特征差异的比对试验研究，应选择最敏感的人群、参数、剂量、给药途径、检测方法进行设计，并对所需样本量进行科学论证。应采用参照药的给药途径及剂量，也可以选择更易暴露差异的敏感剂量。应预先对评估 PK 和 PD 特征相似性所采用的生物分析方法进行优化选择和方法学验证，使其具备充分的准确度、精密度、特异性、灵敏度及良好的重现性。应预先设定相似性评判标准，并论证其合理性。

1. 药代动力学　在符合伦理的前提下，应选择健康志愿者作为研究人群，也可在参照药适应证范围内选择适当的敏感人群进行研究。对于半衰期短和免疫原性低的产品，应采用交叉设计以减少个体间的变异性；对于较长半衰期或可能形成抗药抗体的蛋白类产品，应采用平行组设计，并应充分考虑组间的均衡。对药代动力学呈剂量或时间依赖性，并可导致稳态浓度显著高于根据单次给药数据预测的浓度的，应进行额外的多次给药 PK 比对试验研究。对 PK 比对试验研究，通常采用等效性设计，其界值可使用经典的等效性范围，即 80%～125%。对采用其他等效性范围的，应说明理由并论证其合理性。研究中除考察吸收率/生物利用度的相似性外，还应考察消除特征（如清除率消除半衰期）的相似性。一般情况下不需进行额外的药物-药物相互作用研究和特殊人群研究等。

2. 药效动力学　PD 比对试验研究应选择最易于检测出差异的敏感人群和量效曲线中最陡峭部分的剂量进行，通常可在 PK/PD 研究中考察。对 PK 特性存在差异，且临床意义尚不清楚的，进行该项研究尤为重要。对 PD 指标，应尽可能选择有明确的量效关系，且与药物作用机制和临床终点相关，并能敏感地检测出候选药和参照药之间具有临床意义的差异。

3. 药代动力学/药效动力学　PK/PD 比对试验研究结果用于临床相似性评判的，所选择的 PK 参数和 PD 指标应与临床相关，应至少有一种 PD 指标被公认为临床疗效的替代终点，且对剂量/暴露量与该 PD 指标的关系有充分了解；研究中选择了测定 PK/PD 特征差异的最敏感的人群、剂量和给药途径，且安全性和免疫原性数据也显示为相似。

（三）有效性

遵循随机、双盲的原则进行比对试验研究，样本量应能满足统计学要求。剂量可选择参照药剂量范围内的一个剂量进行。对有多个适应证的，应考虑首先选择临床终点易判定的适应证进行。对临床试验终点的指标，应尽可能与参照药注册临床试验所用的一致。对采用其他终点指标的，应经过充分论证。临床有效性比对试验研究应采用等效性设计。对采用非劣效设计的，应选择合理的非劣效界值，并采用参照药批间或批内的临床疗效差别，评判候选药和参照药之间的相似性。

（四）安全性

安全性比对试验研究应在 PK、PD 以及疗效相似性比对试验研究中进行，必要时应对特定的风险设计针对性的安全性比对试验研究。比对试验研究中,应根据对不良反应发生的类型、严重性和频率等方面的充分了解,选择合适的样本量,并设定适宜的相似性评判标准。一般情况下仅对常见不良反应进行比对试验研究。

(五) 免疫原性

应根据非临床免疫原性比对试验研究结果设计开展必要的临床免疫原性比对试验研究。当非临床免疫原性试验研究结果提示相似性时,对提示临床免疫原性有一定的参考意义,可仅开展针对性的临床免疫原性比对试验研究;对非临床比对试验研究结果显示有一定的差异,或者不能提示临床免疫原性应答的,临床免疫原性试验的设计应考虑对所产生的抗体进行交叉反应测定,分析其对安全有效性的影响。

临床免疫原性比对试验研究通常在 PK、PD 以及疗效相似性比对试验研究中进行。应选择测定免疫应答差异最敏感的适应证人群和相应的治疗方案进行比对试验研究。当考虑适应证外推时,还应关注不同适应证人群的免疫原性风险,必要时应分别开展不同适应证的免疫原性比对试验研究。

研究中应有足够数量的受试者,并对采样时间、周期、采样容积、样品处理/贮藏以及数据分析所用统计方法等进行论证。抗体检测方法应具有足够的特异性和灵敏度。免疫原性测定的随访时间应根据发生免疫应答的类型(如中和抗体、细胞介导的免疫应答)、预期出现临床反应的时间、停止治疗后免疫应答和临床反应持续的时间及给药持续时间确定。

免疫原性比对试验研究还应考虑对工艺相关杂质抗体的检测,必要时也应开展相应的比对试验研究。比对试验研究还应对检测出的抗体的免疫学特性及对产品。活性的影响进行研究,并设定相似性评判的标准。

(六) 适应证外推

对比对试验研究证实临床相似的,可以考虑外推至参照药的其他适应证。

对外推的适应证,应当是临床相关的病理机制和(或)有关受体相同,且作用机制以及靶点相同的;研究中,选择了合适的适应证,并对外推适应证的安全性和免疫原性进行了充分的评估。

适应证外推需根据产品特点个案化考虑。对于合并用药人群外推至单一用药人群、存在不同推荐剂量的人群之间进行适应证外推时应慎重。

八、说　明　书

应符合国家相关规定的要求,原则上内容应与参照药相同,包括适应证、用法用量、安全性信息等。当批准的适应证少于参照药时,可省略相关信息。说明书中应描述候选药所开展的临床试验的关键数据。

九、药　物　警　戒

应提供安全性说明和上市后风险管理计划/药物警戒计划,按照国家相关规定开展上市后的评价,包括安全性和免疫原性评价。

主要参考文献

安莲效,李慧,顾月清.2010.RGD 肽作为药物靶向配体的研究进展.中国生化药物杂志,31(1):66~69

陈利群.2006.制药车间使用易燃液体火灾爆炸危险分析.医药工程设计.27(5):11~15

仇海镇,李娟.2010.原位凝胶的研究进展及其在药剂学中的应用.临床医学,23(4):1524~1526

董充慧,苏杭,张特立.2009.真空冷冻干燥技术在生物制药方面的应用.沈阳药科大学学报,26(增刊):76~78

董梅,李保国,应月.2009.喷雾冷冻干燥技术及在药物微球制备中的应用.制冷技术,2:22~25

葛明东,胡德建,王艺超.2009.细胞因子类药物的临床应用.药物与临床,16(6):44~16

国家药典委员会.2010.中华人民共和国药典.二部.北京:化学工业出版社.

冷迪,彭博,王毅飞.2010.醋酸奥曲肽微球的制备及工艺优化.中国药剂学杂志,8(1):1~8

李峻峰,邹琴,赖雪飞.2011.壳聚糖微球释药机制的研究.生物医学工程学杂志,28(4):843~846

李晓红,朱惠玲,余蓉,等.2007.重组人胰岛素制备工艺.四川大学学报(工程科学版),39(4):79~83

林文,王志祥.2009.喷雾干燥技术及其在制药工业的应用.机电信息,221(11):36~41

梅建国,林初文,刘吉山.2011.纳米微球在生物医药领域的应用.材料导报,25(18):30~33

宁双飞.2003.可溶性细胞因子受体及可溶性黏附分子.国外医学(免疫学分册),26(2):57~59

孙庆雪,邵伟,黄桂华.2010.脂质体及其制备方法的选择.中成药,32(8):1397~1401

万伟伟,朱宏.2010.叶酸修饰的聚乳酸及其共聚物靶向给药系统研究进展.中国生化药物杂志,31(4):285~288

王昊.2011.治疗性抗体药物研究与发展趋势.药物生物技术,18(2):95~99

王建军,熊辉,严良鸿.2010.巴洛沙星眼用原位凝胶的制备及质量控制.中国药师,13(11):1615~1617

王秀宏.方建军.周春临.2010.制药车间压缩空气管网系统改造及 GMP 标准实现.制造业自动化.32(3):137~141

项佳音,杨洪军,熊欣.2011.常见温度敏感型原位凝胶载体的研究进展.中国实验方剂学杂志,17(2):252~257

徐寒梅,周长林.2009.治疗酶的研究进展.生物工程学报,12

张红梅.2008.浅析细胞因子与疾病的关系.社区医学杂志,6(4):19~22

张莉,徐维平,苏育德.2010.转铁蛋白-转铁蛋白受体在肿瘤主动靶向治疗中的应用.中国药业,21(5):1~3

赵汉臣,齐平.张卫东.2002.浅谈 GMP 制药车间(制剂室)布局设计中的几个问题.药师之友.13(2):118

朱静,姜锋,阎卉.2010.硝酸毛果芸香碱眼用原位凝胶的制备和评价.中草药,41(5):720~724

Fei Y, Yang L, Chang S L. 2015. Enteric-coated capsules filled with mono-disperse micro-particles containing PLGA-lipid-PEG nanoparticles for oral delivery of insulin. International Journal of Pharmaceutics. 484(1):181~191

Gary W. 2010. Biopharmaceutical benchmarks 2010. Nature Biotechnology,28(9):917~924

Gary W. 2014. Biopharmaceutical benchmarks 2014. Nature Biotechnology,32(10):992~1000

Xu W F. 2005. Investigation of lectin-modified insulin liposomes as carriers for oral administration. International Journal of Pharmaceutics,294(1~2):247~259